U0248101

混种牧羊犬

NATIONAL
GEOGRAPHIC

美国国家地理

教你读懂
狗语

完全听懂狗狗内心世界指南

[美]艾琳·亚历山大·纽曼 著
[美]加里·韦茨曼

王琼淑 译

中国画报出版社·北京

史宾格犬

兽医暨狗狗专家
加里博士的话

你可能已经养狗了，或者正在考虑养一只狗。狗可以成为你最好的朋友，陪伴你很多很多年。但如果你想在和它的相处中能有更深刻的体会，就必须与它沟通。事实上，狗狗们已经听得懂一些"人话"了，那么你是不是也该学学"狗语"了呢?

我叫加里·韦茨曼，接下来我将会带领你读完这本书。我自己就有两只很棒的狗狗——杰克和贝蒂，它们是我最好的伙伴。20多年来，我从事兽医这一职业，同时也协助一些组织进行动物救援。目前我是美国加州圣地亚哥动物保护协会的主席。在

此之前，我在华盛顿的一家大型动物收容所——华盛顿动物救援联盟（Washington Animal Rescue League） 担任负责人。这两个团体每年都会拯救、照顾数以千计从全美各地送来的狗狗。要照顾好这些被救回来的狗狗，非常重要的一环是和它们沟通。因为只有读懂了它们的行为、了解了它们想要传达的信息，我们才能更有效地帮助它们恢复，并找到合适的领养家庭。

在本书中，我将随时告诉大家我跟狗狗沟通的一些诀窍，你们也可以运用同样的技巧和自己的狗狗朋友进行沟通，希望读完这本书之后，你跟狗狗之间的相互了解会更深，感情比以前更好。

要记住，和人一样，每一只狗狗都是独立的个体，都有它特殊的需求。人类训练狗狗的技巧五花八门，可是大多数的训练师、教育人员和犬类行为专家都认为，我们的首要任务是了解狗狗，并懂得怎么和它们沟通。无

杰克罗素梗

论是解读它们的肢体语言、听它们发出的声音，或只是了解它们喜欢或厌恶某些食物的原因，只要能进一步了解彼此，你们之间的感情纽带就会更强大。

最近，科学家研究发现，狗狗能认出主人的脸；不仅如此，它们还能看懂我们的表情。你的狗狗可能会判断："哎呀，不太妙，她现在心情不好，我还是别去惹她了。"或者认为："看他笑得这么开心，说不定我们可以去公园玩哦！"科学家也已经知道狗和人类有共同的情绪：它们会感到快乐、悲伤、会激动，也会恐惧。

但要了解狗狗的感受，我们还必须仔细观察。它的全身，包括眼睛、耳朵、嘴巴、尾巴、姿势和声音，都会释放信号，每一个信号都具有多重含义。只有综合这些信息，我们才能真正知道狗狗到底在说什么。

现在就开始阅读这本书吧！除了你自己的母语以外，"狗语"可能是你最重要的第二语言了。

安全警语

美国国家地理学会尽可能确保本书所提及的训犬诀窍、情境和对犬类行为的解读，都是根据最新、最精确的资料编写而成的。但你也应该知道，狗和其他所有动物一样，都有难以捉摸的一面。

无论你多么小心谨慎，遵守了多少规则，不好的状况还是有可能发生。此外，这本书有许多建议和准则，都需要对狗狗进行密切的观察，而观察者有时出现未必能看出一些细节的情况也在所难免。因此，本书虽然有专家提供的大量建议，但并不能保证这些建议在特定情况下都能奏效。如果碰到陌生的狗狗，必须格外谨慎，就算是熟悉的狗狗也不能大意。

本书所有的内容和信息，都须根据书中的情况如实理解，不附带任何保证。书中所描述的情境和活动本身就有风险，读者在运用本书的信息时，需自行评估并承担所有可能产生的风险，包括因信赖本书在特定情境下的精确性、完整性、实用性和适当性而产生的风险。对于读者因实践本书内容所产生的一切个人或非个人的责任、损失或风险，作者与出版机构概不负责，特此声明。

狗的
基本构造

尾巴： 可以说狗狗的喜怒哀乐都挂在尾巴上。快速摆动的尾巴就像是我们的笑脸，下垂的尾巴就相当于我们在皱眉头。

脚掌： 狗用脚趾走路。有些品种的狗，如纽芬兰犬和乞沙比克猎犬，像鸭子一样趾间有蹼。

皮毛： 皮毛的颜色、长度、质地和厚度依品种而异。浅色皮毛的狗可能会被晒伤，特别是耳朵跟鼻子的部分。

马利诺斯牧羊犬

口鼻部： 当狗的口鼻部皱皱的时候，说明狗可能处于放松状态；而口鼻部往后绷紧时，则代表它很紧张，想找对象（或正设法避免）打架。像巴哥犬这类塌鼻子的狗，虽然鼻子太小，无法呈现太夸张的表情，但要传达意思还是毫无问题的！

耳朵： 强壮的肌肉连接着狗狗的耳朵与脸部，所以它们的耳朵能旋转、倾斜、竖起、垂下，而且还可以一次只动一边。

眼睛： 狗有三层眼睑，除了上眼睑、下眼睑之外，它的内眼角还有一层眼睑，这层眼睑能把眼球上的脏东西抹干净。

鼻子： 鼻内的腺体会分泌黏液，让狗的鼻头保持湿润。这些液体能捕捉气味分子，有助于它们侦测味道。

牙齿： 幼犬四个月大时会换牙，恒齿将在这时候长出来。

舌头： 狗和人一样，都靠舌头辨别味道。虽然狗只有 1700 个味蕾，而我们人类则有 9000 个，但狗有专门用来品尝水和脂肪的味蕾。

犬科

家族大集合

500万年前，一种和狐狸差不多大小、名为纤狗兽（Leptocyon）的动物出现在地球上。它的后裔分为两支：犬和狐狸。犬科家族包括家犬的祖先，也就是狼，以及家犬的叔叔伯伯们。你知道它们的交流方式有什么特别之处吗？

豺狼
大声的"交谈者"

豺狼是终身一夫一妻制。聒噪的豺狼夫妻叫声高亢，热闹极了。每个豺狼家族都有自己的通关密语，让其他家族的豺狼猜不出它们在说什么。

非洲野犬
叫声最怪异

非洲野犬的叫声和外貌一点儿也不相符。它们是凶猛的猎食动物，可是叫声却像鸟儿一样叽叽喳喳的。年幼的非洲野犬如果迷路了，会发出铃声般的叫声对外呼救。

纤狗兽（Leptocyon）

对于纤狗兽这种隶属于古犬亚科的史前动物，科学家们所知甚少，只知道它们不光靠吃肉维生。它的牙齿很小，不但可以咀嚼浆果和其他水果，还可以用来捕食啮齿类动物和兔子。这种杂食的习性好处多多，狼也遗传了这项能力。

狐亚科（Vulpini）

词汇最丰富

狐狸会吠叫、急吠、鸣咽，发出咻咻声、吱吱声，还有其他更多声音。有一位科学家曾记载过："除了狼嚎与猫叫声之外，狐狸什么声音都能发出来。"

犬族　　　　　　　　　　　　　　　**狐族**

狼

嚎叫冠军

狼通过肢体语言、气味和声音相互沟通。它们会吠叫、哀鸣、鸣咽、咆哮，而它们最常发出的声音是嚎叫。所谓嚎叫，是一种类似于风吹过林间的凄厉叫声，这种叫声即使在 15 千米外都听得到。它们嚎叫的目的是寻找同伴，或吓退入侵者。

澳洲野犬

模仿高手

野外的澳洲野犬不会吠叫，而会像狼一样嚎叫，其目的也和狼一样。但有些家养的澳洲野犬可能是因为听过家犬的叫声，也学会了吠叫。

郊狼

最爱秀自我

每头郊狼发出的声音都不一样。这群夜半歌者每次嚎叫，都会大声说出它们的年纪、体型大小、性别和情绪。

家犬

最佳听众

家犬不仅会"说话"，还会聆听。在所有犬科动物中，只有家犬生来就有关心人类的心思，难怪我们这么爱狗狗！

混种大麦町犬

快来测试一下你对狗狗的了解度吧！你能把右边页面这些狗的姿势和它所传达的情绪连结起来吗？请在框里填入正确的英文字母。

（答案见下一页右下角）

☐ **1. 好奇** "这是怎么回事呢？"

☐ **2. 服从** "要我干吗，有话就直说吧，你是 老大啊！"

☐ **3. 孤单** "连个伴都没有，你们都到哪儿去了呀？

☐ **4. 想玩了** "把球丢过来给我吧！"

☐ **5. 害怕** "你要我做什么我就做什么，但千万别伤害我。"

☐ **6. 准备攻击** "现在马上给我退后，要不然就有狗狗要受伤了！"

A 比利时牧羊犬

D 边境牧羊犬

B 德国短毛指示犬

E 边境牧羊犬

C 刚毛猎狐梗

F 腊肠犬

金毛寻回犬

肢体语言

狗就像演员一样。你可以试试看，打开电视，调成静音，静静地看几分钟。仔细观察那些演员，你大概就能看得出他们每个人当下的情绪：那个小孩很激动、女的看起来好像很吃惊、男的似乎怒气冲天。

由于喉头构造的关系，狗狗不像我们人类这样能发出多种声音，狗狗大多数时候都是安安静静的。看看宠物公园里那些玩在一起的狗，它们素昧平生，但见面刚几分钟就能一起玩起来。它们扭打、追逐的同时，显然也在"交谈"，但不是用口头语言，而是通过肢体语言。幸运的是，你也能学会看懂狗狗们的肢体语言！

你可以观察狗狗呈现出什么样的姿态。它全身放松，摇着尾巴吗？那它大概很开心，很友善。紧张的狗通常姿态会很僵硬，这时你就要注意了。另外，狗也和人一样，有可能"口"是心非。学会理解狗的语言是一件很有趣的事情，而且对于增进你和爱犬的关系大有帮助。

你在等什么呢？
让我们快点走！
快点走啊！

加里博士的叮咛

有些人会用金属链条做成的套索项圈来控制狗狗的行动，如果它们不听话，主人就会拉扯链条。我认为套索项圈都应该扔进垃圾桶。因为狗狗是很聪明的，我们不必通过施加痛苦来和它们沟通。我建议大家使用胸背带，这种牵绳是套在狗狗的胸部，而不是颈部，而且不会因为拉扯而伤害狗狗的身体。

边境梗

拉扯狗链

遛狗的时候，是你遛它，还是它遛你呢？如果你的"小毛宠"把牵绳拉得太紧，搞不好你需要跑起来才行。对于遛狗这件事，专家提醒要注意两件事情。

第一，在狗狗的世界里，老大要么是你，要么是它，另一方只有听话的份儿。如果要让你的毛宠知道你才是老大，你就一定要永远走在它的前面。第二，如果你的狗狗太过强壮，你实在拉不住了，那就让它多做一点运动。狗狗有四项基本需求：运动、心智刺激、奖赏和疼爱。毕竟原本人类驯养狗狗就是用来工作的，从前的狗不但得看管牲畜、猎捕鸭子，还得拉车，要做好多种工作。不过现在大多数的狗狗都失业了，整天无所事事。

遛狗时让狗守规矩的方法很多，其中一个就是和它尽情地玩耍，消耗掉它全身的精力。让它接飞盘、捡网球，或者训练它跳越障碍。然后，在遛狗的时候把牵绳拉短，走快一点。运气好的话，走到最后它的速度会慢下来，跟在你左脚后面走。这就是所谓的"脚侧随行"或"放松牵绳"训练，这么一来你就拥有主控权了，而且不管对你还是狗狗而言，遛狗这个过程也会变得更有趣。

美国宾夕法尼亚州的
乔·奥西诺
是吉尼斯世界纪录的保持者，
他一个人能同时遛
35 只狗。

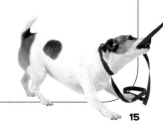

杰克罗素梗

金毛寻回犬

甩动全身

 这个画面在运动时很常见：棒球赛时击球手被球打到，或是两个足球运动员撞在一起，球员们会哀号、单脚跳行，而教练则在一旁观望他们一两分钟，然后会对他们说："甩掉！"这时，球员就会甩一甩痛处（通常还要顺便甩甩头），然后继续比赛。

狗狗也有同样的举动，特别是在游泳之后。你的爱犬全身湿答答地从水里爬出来，径直走到你面前，这时你肯定会快速闪开。因为狗狗身上的水几秒之后就被它甩干了，就像用吹风机吹过一样蓬松。此时，如果躲闪不及，全身湿答答的就变成你了。

可是你知道吗，就算全身的毛都是干的，狗狗们还是会甩动它们的身体。也许你刚踏进家门，爱犬心里说："耶！"开始又摇又摆、又跳又叫，然后你也抱着它亲个不停。再次重聚的快乐可能会让狗狗兴奋过度，所以等你走开后，狗狗可能会用力把全身甩一甩。

玩得精疲力尽、碰到同类或是情绪太过激动之后，狗狗都会像要把身上的水甩干一样，甩动全身。这是为什么呢？因为狗狗这时候就像前面提到的受了伤的运动员一样，需要设法分散注意力，让自己平静下来。这个办法通常很有效。

全身湿透的狗
甩一甩身子，
几乎不到一秒钟
就能甩干了。

黑白哈瓦那犬

把脚掌放在你的膝盖上

狗狗常常喜欢在坐着的时候，抬起脚掌放在你的膝盖上。"真贴心啊！"你大概会这样想。事实可能是这样，尤其是如果它知道这么做可以博得你的欢心的时候。但狗狗想的也可能完全不是这回事儿，说不定它是想让你把正吃得津津有味的小饼干分它一点呢！

每个狗群都有一只是带头老大。好的领导者之所以能当老大，是因为它非凡的智慧、强壮的体魄和不凡的气势，因而能赢得手下的尊敬。有的狗狗，特别是大型犬，会忘了自己是谁，连对主人也会表现出老大的姿态。高大的狗可能会站立起来，把脚掌放在你的肩膀上，想对你"称王"。所以，把脚掌放在你的膝盖上也可能是这个意思。

不过也不尽然。如果爱犬把脚掌放在你的膝上，同时往你的手底下钻，这时它并没有"称王"的念头，真的就只是撒娇而已。所以，你只要拍拍它就好了。

有只名叫"杨柳"的混种英国梗会认字。当它看到"坐下"时会坐好，看到"挥手"时会把脚举起来。

黄金贵宾犬（金毛寻回
犬与贵宾犬的混种）

四脚朝天地仰躺

狗狗仰天躺下、弯起两只前腿、露出肚皮，这时它的姿态就好像在说："你该帮我按摩肚子了。"当你开始摩挲它的肚皮，有时候它的一只后腿会乱踢，脸上会露出再满足不过的表情。踢后腿不过是反射动作，就像医生拿橡皮槌敲你的膝盖时，你也会有同样的反应。不过，狗狗摆出这个姿势，真正的含义是顺服和信任。它在告诉你，它心甘情愿任你发落。

如果它对另外一只狗露出肚皮，意思也是一样的。多数狗狗在同类已经发出顺服的信号时，并不会伤害对方。它们只会嗅嗅对方的屁股，或者居高临下地站在它身边，昭告天下自己是"占上风"的那个。

对狗来说，露出肚皮是有风险的。如果是对方要欺负它，那它就连自我防卫的余地都没有了。幸好大多数的狗都会按它们的规矩来相处。

抚摸爱犬
有益于**人类的健康。**
这样能减缓
我们的心跳并
降低血压。

加里博士的叮咛

　　按摩对动物和人类来说几乎是同样舒服的事情。如果你的爱犬表现出焦虑情绪时，不妨按摩一下它的背。从狗的颈部开始，一路往下按摩到尾巴根部。手法要温柔，力道须明确而不间断，所施的力度要能透过毛皮，触及它的肌肉。按摩的同时要全程用轻柔的声音和它说话。触摸的治愈效果能帮它学会如何处理事情，特别是在它面对压力之前、之后都这么做，效果会更好。而且你知道吗，这么做也有助于缓解你自己的焦虑哦！

主人，我不会
惹麻烦的，
你要我做什么
我就做什么。

腊肠犬

21

伯恩山犬

扭动身子挣脱

依偎在一起的感觉多好，有谁不喜欢被拥抱着呢？答案是狗狗！拥抱爱犬的时候，其实你是在限制它的行动，就好比用很短的绳子绑住它，而且比那样还要糟糕呢。当你抱住它的时候，它的四肢或是头部会无法动弹，甚至连尾巴都不能动。这么一来，它就失去大多数的沟通工具了。对狗来说，拥抱可能就像有个大孩子坐在你的胸口上不肯起来一样可怕。

碰到这种情形，狗会怎么办呢？如果是心爱的主人在拥抱它，那狗狗可能会愿意忍受这种动弹不得的感觉，甚至乐在其中，因为那个人是它所信任的。但如果是一个陌生人在拥抱它，那它就会陷入恐慌中，如果那个陌生人还俯身压到它身上，那就更糟了！因为在狗的语言当中，这个举动表示那个人想要主宰它。所以，如果狗狗变得十分焦虑，扭着身子想挣脱你的怀抱，也就没什么好奇怪的了，它甚至会生起气来，作势要咬你呢！

有一种叫宠物安定背心的紧身衣，穿上后能对狗狗的身体持续施加一股轻柔、稳定的压力，在雷雨天或使用吸尘器时，有助于爱犬保持平静哦！

加里博士的叮咛

很多狗狗在习惯以后会愿意让人拥抱它。但一般来说，受到拘束时，狗狗会很不舒服、很不自在。如果你的兴致来了，很想和狗狗亲近一下，可以让它在你身旁坐下或躺下。有些狗狗喜欢坐在主人腿上，但如果是大狗的话，这么做看起来会有点儿滑稽。

定住不动

一定是发生了什么事。狗狗如果定住不动，你就可以知道它在害怕。恐惧的时候，狗有四种选择：一是战斗；二是示好，企图化解不好的情势；三是逃跑；四是定住不动。只要狗停下脚步，突然间像雕像一样动也不动，就说明它希望敌人会因为它什么也没做而冷静下来，然后离开。这招对其他的狗还挺有用的。

这是因为我们的爱犬是狼的近亲，天生会受到动作的吸引。从狗狗会追赶行驶在街道上的自行车，却对停在草地上的自行车视若无睹就可以知道。

但人类和狗全然不同。我们不会因为某个东西不动了，就对它失去兴趣。很多时候我们得从狗狗的角度来思考，例如如果你看到一只没人看管的狗狗朝你走过来，接着定住不动，你就该止步了。切记要静静地站着，让狗先行动。这是确保双方平安无事最好的办法。

格力犬的视力绝佳，即使主人远在 **1.5 千米外**对它挥手，它也认得出来。

25

上身伏低翘起屁股

大丹犬会这么做，吉娃娃也会这么做；从美洲到赞比亚，世界各地每一种狗狗都会做这种上身伏低、翘起屁股的动作。如果你的爱犬这样做的话，就表示它准备好好玩一下了！这时候狗狗会一脸轻松地接近另一只狗，然后伏低身子，"手肘"几乎贴地，尾巴狂摇，屁股翘得老高。这个姿势保持几秒钟后，它会突然跑开，同时回头看另一只狗狗有没有跟上来。

如果这个新玩伴跳起来跟上去了，两只狗狗就会开始互相追逐，在树林里穿梭奔跑，跳过障碍物。一开始是其中一只狗狗跑在前面，接着会换另一只。如果其中一只脚步没踩好，或是太用力撞到对方了，它会在追逐到一半时摆出翘起屁股的动作，表示赔罪。

狗狗生来就是要奔跑、玩耍的，它们虽然很能自娱自乐，但和你我一样，它们更喜欢跟同伴一起玩耍。因此，当爱犬向你翘起屁股时，不妨顺着它的意思，运动一下也是不错的。

来玩游戏吧！

来啊，有本事来抓我啊！

美国得克萨斯州一只名叫**奥吉**的金毛寻回犬是一项**世界纪录的保持者**——它能捡起并同时咬住整整 **5** 颗网球！

边境牧羊犬

加里博士的叮咛

爱犬看都不看自己的玩具,丢给它的棍子也总是接不到。这是怎么回事?别担心,狗跟人一样,每只狗都有自己的个性。有的很爱叫,有的则不怎么喜欢叫,对吃和玩也一样。但如果一向调皮捣蛋的爱犬忽然开始躺着,看到跳动的球也不去追,就要注意了,它可能是害怕、焦虑、疲倦,或是生病了。如果它重复出现一些前所未见或异样的行为,这就是一种警告,你该带它去看医生了。

先生，
很高兴认识您。
您的愿望就是
我的命令。

吉娃娃

抬起一只脚

这看起来再简单不过了。你第一次遇到这只狗，它坐直身子，抬起一只脚。这时你该握住它的脚掌，跟它握手吗？千万不要，虽然很多人这么做，但其实这是不符合狗界礼仪的。狗抬脚不是要和你握手，而是因为它很紧张，不知所措，所以抬起一只脚来表示顺从。

狗的脚掌是用来走路的。它们不会用脚掌拿东西，或是当作手来使用，当然更不会用脚来打招呼。狗会"握手"是因为有人教过它，命令它这么做。这并不是它们天生就有的行为。

狗抬起脚，就像百姓向国王鞠躬一样。人类低头久了，可能会反抗国王，但狗其实很喜欢这种感觉。狗狗知道有其他的狗当家作主，会比较有安全感；狗老大也不必总是为了巩固自己的地位而战斗。所以，别去碰它的脚。看到这个姿势，你只要对狗狗说一两句温馨的话就可以了，而狗狗会因此更爱你！

德国的一位伯爵夫人卡洛塔·利本施泰因过世时，留下 8000 万美金给她的爱犬 —— 一只名叫冈瑟三世的德国牧羊犬。

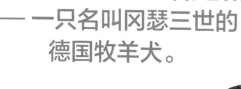

德国短毛指示犬

指示方向

 　　狗能看懂肢体动作。专家说，这一点大概也是传承自它们的狼祖先。狼群在计划猎捕一头鹿时，带头的狼会指派狼群中的每一个成员分别负责一个战斗位置。可是狼既不能说话，也不认识字，它们是如何知道自己的任务的呢？

　　在狼群中，狼老大会先看着一只狼，然后转头，用它尖尖的口鼻部对准这只狼要去的方向。就这样一再重复进行，直到每一只狼各就各位。然后，任务开始，就像动作片一样，两只狼同时往前一跃，鹿拔腿狂奔，可是它跑不了，因为狼群已经挡住了所有的去路。

　　狗和狼一样，能利用转头、转身来指示方向。猎鸭人会用指示犬、雪达犬等特别培育的猎犬来帮忙寻找雁鸭。一般的狗也会指示方向，你需要仔细观察。

　　下次你的爱犬对着某个物体吠叫时，要仔细看清楚。看看它的站姿，还有它面对的方向。它可能在告诉你什么事哦！

狗不但会用身体**指示方向**，在人类这么做的时候**它们也看得懂**，而且会前往主人所指的**任何方向。**

毛发直竖

今天头发翘起来了？对你来说，头发翘起来顶多是有点不好看而已，但对狗来说，这可代表它被惹毛了！狗在生气或恐惧时，可能会故意把背上和肩部的毛竖起来，因为毛竖起来，会使狗狗看起来身材更高大，也更吓人。

但有些专家认为，狗并不能主动控制这些毛发。就跟人起鸡皮疙瘩一样，它们的这些毛发竖起来可能是不由自主的。但无论如何，只要毛发竖起来，就表示它做好战斗准备了。

这种现象在短毛犬的身上特别明显，它们的毛会像梳子上的鬃毛一样立起来，但英国古代牧羊犬或其他长毛犬种就不会这样，因此对于这些长毛犬种，你需要仔细观察其他迹象。不管怎样，你都应该这样做，因为这是判断狗心情的最好的办法。

有时候，狗狗从颈部到尾巴末端的毛都会竖起来。这时候可千万不要轻举妄动，也绝对不能跑。慢慢往后退，离开那里就对了！

可蒙犬是一种匈牙利守卫犬。它一身麻花似的白色长毛，看起来就像棉布拖把上的棉条一样。

罗德西亚脊背犬

这只狗在说什么?

情境

加里博士带着他的两只爱犬——贝蒂和杰克,在美国华盛顿特区的街上溜达。周围很宁静,贝蒂啃着草坪边缘的草,杰克在闻一棵树的根部。这时,一个人带着她的拉布拉多犬慢跑,但她没有保持安全距离,而是很兴奋地直接从贝蒂和杰克之间穿过去了。

贝蒂好像什么事都没发生一样,可是杰克就不同了。它突然凶性大发,放声狂吠、猛扯着牵绳,十分暴躁。

专家你来当

这是怎么回事?杰克在说什么?

贝蒂又说了什么?

拉布拉多犬突然从杰克身边跑过,可把杰克吓了一大跳!按照杰克的个性,这样的反应是很正常的;它不过是把心里的想法"说出来"罢了。人类在恐惧或受到惊吓时,也会有这种被偷袭的感觉。我们可能会尖叫,想要逃走,甚至有点生气。狗的反应其实和人类差不多!

那为什么杰克的反应会这么激烈,而贝蒂却好像什么事都没发生一样?

一只狗对同类的反应,有可能是高兴地狂摇尾巴(贝蒂可能就是这样),也可能是定住不动,或是全身紧绷、吠叫或往前冲。杰克看到同类会狂躁,可能是因为它觉得自己受到了威胁。看到同类反应激烈的狗,本身攻击性就比较强,有时会很危险。解决之道是学会解读狗的肢体语言。

金毛寻回犬与拉布拉多寻回犬的混种和杰克罗素梗

聆听爱犬的心声

在遛狗的路上碰到别的狗，一定要先停步，别急着靠近。让狗狗通过肢体语言来告诉你它想不想认识对方：仔细看它的眼神、尾巴和肩膀。对方的狗是否盯着你的狗看？在狗的语言中，这是很不礼貌的！接下来看它的尾巴：尾巴开心地大幅度摇摆是友善的表示；夹着尾巴，或是尾巴举得高高的、只有末端僵硬地晃动，可不是友善的意思了。再看看它是不是定在原地不动，肩膀僵硬？以上的情形只要出现一项，就千万别靠过去。让你的爱犬结交新朋友之前，一定要先得到对方主人的同意，你自己也一定要观察对方狗狗的肢体语言，确保爱犬的安全。

可是，如果你的狗狗表现得很暴躁该怎么办呢？你可以找一位好训犬师，向他请教，训犬师能帮助那些见到同类就充满敌意的狗狗养成稳定的性情。训练结束后，你的爱犬或许还是不喜欢别的狗，但至少在和其他狗狗相处时会比较安全。

总的来说，根本之道就是多了解你的狗狗，而且要切记，别人的狗你并不了解，即使你认识它们，也还是要小心。

狗狗快过来！

怎样教你的狗"来这儿"

1 首先用牵绳系好你的狗，让它离你有一小段距离。然后一手拿着它最心爱的玩具或一小块美食，一手抓住牵绳。

2 用愉悦、兴奋的声音呼唤爱犬的名字，对它说"来这儿"，这样它就会开开心心地来到你跟前。你可以蹲下身子，拍拍地面或自己的大腿，帮助它正确理解你的意思。

3 狗狗跑着过来的时候，夸奖它"好乖哦"，然后给它美食当作奖励，这样它就会把跑过来这个行为和正面情绪联系起来，而这会激励它下次也这样做。

4 每天练习五分钟，逐渐增加你和狗狗之间的距离，直到它在离你相当远的地方听到你的召唤也能跑过来。

5 狗狗不肯过来怎么办？一定要有耐心，持之以恒地练习。如果你或是你的爱犬不耐烦或者累了，就先停下来，等下回再练习。

英国
斗牛犬

巴哥犬

狗狗的外貌

一开始并不像现在这样多样，起初它们的样子都很像狼。几千年以前，人类开始驯养灰狼来帮忙看家、狩猎。后来，人类开始当起"媒婆"，给狼配种，培育更适合看家、狩猎的品种。慢慢地，有些狼演化成为狗，也就是人类最早的动物朋友。

此后人类持续改变着狗的特性。现在狗狗的耳朵有竖起来的，有软趴趴下垂的；眼睛有圆的、椭圆的、杏仁形，还有钻石形的。人类通过混种、配对，培育出了大型狗、小型狗、能帮农民牧羊的狗，还有能帮猎人猎捕小动物的狗。

现在，世界上的狗狗大约有400个品种，它们的毛色、大小、长相各不相同。但这些改变不一定都是好的，例如巴哥犬和京巴犬这一类大饼脸的狗，有时候呼吸会有困难；波利犬则因为全身的毛又多又长，得用发夹帮它把毛夹好，才能看到它的脸。

所有的狗狗，无论外观、体型大小如何不同，都会用表情来说话。而且不管它们的长相如何，你都能学会读懂它们的各种表情。

加里博士的叮咛

　　人类吃的食物中，除了太油腻的，都可以给狗狗吃。因为脂肪过多可能会导致狗狗体重增加、腹泻，甚至可能患上胰腺炎。狗狗也不能吃巧克力、葡萄和洋葱，这些食物会对它们的心脏、肝脏、肾脏和血液造成伤害。此外，很多狗狗无法消化乳制品，而吞下太大块的骨头和玉米芯则可能会伤害它们的肠道。

央求的眼神

"可怜的小狗狗，你要吃培根吗？"你听过别人用娃娃音对狗这样说话吗？说不定你自己就做过这样的事。不过你的心要硬起来，别掉进陷阱里了！这个坐在你椅子旁边、眼睛盯着你吃东西、看起来可怜兮兮的小东西根本就不饿，它其实是在控制你。

狗狗直视你的时候，就是在和你沟通。它或许是想要你盘子里的奶油卷，又或许是想让你知道它才是老大，叫你最好不要靠近它。但如果你偷偷塞给它一块培根，下次它就会得寸进尺，甚至觉得它把你训练得很好，它的命令你都会听。如果你是小弟，那它当然就是老大了。既然是老大，它就不必听你的了。这样下去会怎么样，你应该很清楚吧？

那么面对苦苦央求的狗狗，我们该怎么办呢？答案是视而不见，而且要确保同桌吃饭的人也都不会喂它东西。这个顽皮的小家伙最终会知道你才是老大，苦苦哀求是没有用的。这样一来，你叫它躺下，它才可能会听话。

> 一块就好了，上面能再淋点肉汁吗？

研究表明，在觉得你没看见的时候，狗狗偷吃东西的概率会增加四倍。

比格犬

挑衅的眼神

 谁都不喜欢被别人盯着看，这是有道理的。狼、老虎这些凶猛的捕猎高手在发动攻击之前，都会狠狠地盯着猎物。因此，人类和动物认为被盯着看是一种无声的威胁，也是很自然的事。

事实上，人类被盯着看的时候会很不自在，有时即使别人是从背后看我们，我们也能感觉得到。如果我们转过身发现他们正在看自己，我们的反应往往就是走出他们的视线范围，或者我们会觉得很急躁，甚至还会被激怒，会和对方说："你不如拍张照片回去，爱看多久就看多久！"

对于这种情形，狗狗的反应也和人类一样不友善。很多狗狗都受不了人类一直盯着它看，即使是疼爱、赞许的目光也不行，它们的第一反应是把头扭开。如果人类还没有体会到它的用意，那狗狗可能就会转过身去，背对着我们，不正眼面对。

有的狗狗甚至会和对方互瞪，看谁先投降；两只狗会互相直视对方，目不转睛。和人类的瞪眼比赛一样，谁先把眼光移开，谁就输了。

狗的视力比人类的好。
虽然它们能分辨的颜色
比不上人类多，但它们能分出
许多深浅不同的灰色。

杰克罗素梗

大丹犬

耳朵直立、龇牙咧嘴

狗狗把耳朵直立起来，龇牙咧嘴，这副模样很吓人吧？这正是它的用意。牙齿是狗狗唯一的武器，当它们愤怒或感觉到威胁的时候，嘴唇就会往后缩，把牙齿全都露出来，这样你就能看到它的犬齿。狗狗的犬齿是它的上下颌两侧各长的那颗又长又锐利的牙齿，是从狼那里继承而来的，狼捕捉猎物的时候就是用这些犬齿牢牢地咬住猎物的。

不过，狗龇牙咧嘴时不见得都是坏事。这时候，你还得看它脸上的其他部位和身体。如果狗狗竖起耳朵，同时露出一口白森森的牙齿，那你就得当心了！这是很明显的警告，表示它可能要发动攻击了。大多数时候狗对同类做出这个表情，目的是证明自己很强壮，能主导一切，也就是说它才是老大。

而受过训练的守卫犬最可能对人类露出这种表情。有些壮硕的大型犬，比如罗威纳犬、杜宾犬和比特犬，原本就是人类为了获得强壮、自信、不露惧色的犬种而培育的，它们的工作就是吓退入侵者。所以你还是乖乖听话，走开就对了，而且还要慢慢地、安静地后退。

健康的成犬和狼一样，约有 42 颗牙齿。

加里博士的叮咛

兽医可以从狗的口腔看出它的年龄。我们会检查其牙龈的健康情况，看看有没有缺牙，牙齿是否变色？长年累月的咀嚼也会磨损它们的牙齿，因此我们也会看狗的牙齿是否锐利。

曼彻斯特梗

43

竖起的耳朵

狗的耳朵有尖有圆、有短有长，还有多种不同的大小和形状。我们在大老远就能看见立耳型的狗耳朵竖起来，这种耳型还能略微转动。野生的犬科动物，例如狼、狐狸和郊狼，它们的耳朵都很尖挺，许多宠物犬也是如此。看看吉娃娃和哈士奇，它们的耳朵表情都很丰富，就像头上戴了一对微型卫星天线一样。狗在好奇或是看见有趣的事物时，耳朵就会竖起来，甚至有点前倾。这是为什么呢？因为把垂着的耳朵竖起来，就如同打开通往内耳道的门户。竖起耳朵，头

再往声音来源的方向微倾，能帮助狗狗捕捉到最细微的声音，连老鼠在墙里面跑的声音也不会错过。

当然，并不是所有的声音，狗狗都比人类听得清楚，但它们能侦测到的音域比人类广。测量声音频率的单位是赫兹（每秒的震动次数），震动频率越高，音调就越高。人类听觉的上限是 2 万赫兹，而狗则能听到 10 万赫兹的声音。人们甚至会训练警犬听所谓的"无声哨音"。这是一种音调非常高的声音，只有狗听得到，而犯人是听不到的。

狗能听到非常远的声音，距离最多可达人耳听力范围的四倍。

威尔士柯基犬

混种拉布拉多犬

顺从的咧嘴

有一首老歌的歌词是这样的：当人类微笑时，全世界也跟着他们一起微笑。遗憾的是，对狗来说并不是这样。看到狗咧嘴露出牙齿时，多数人都会转身跑掉，他们多半懒得查看狗耳朵是否下垂、是否往后贴，也不会考虑这只狗是遇到陌生人了，还是想要保护肉骨头？这两种情况是完全不同的。当动物对我们"说话"时，我们一定得考虑当时的情境，不能凭单一的信息就做出判断。

嘴巴咧开，两边嘴角下垂，被称为"顺从的咧嘴"，这是犬类共有的本能行为。有的狗这么做纯粹是出于习惯，有的则是因为不安。基于某种缘故，狗很少会对同类这样咧嘴，只会对人类如此，而且大型犬这样做的概率似乎更高。

不幸的是，这种情况只会让原有的问题变得更复杂。因为有些脾气较差的主人一旦误解狗的表情，就可能用错误的方式对待一只贴心温驯的狗。而这一切只是因为一个微笑。

狗的脸部
可以做出大约
100 种
不同的表情。

波士顿梗

加里博士的叮咛

英国史宾格犬、寻血猎犬、威玛猎犬和金毛寻回犬的听力都不如有尖挺耳朵的同类。为什么会这样呢？因为它们的外耳又长又塌，就像戴着耳罩一样——不过，这些毛茸茸的"耳罩"摸起来舒服极了！

你乖我就乖，说定喽？

美国爱斯基摩犬和比特犬的混种

读懂我的表情

耳朵友善地往后翻

狗的耳朵有时候会往后翻，就好像用别针别在头顶两侧一样。要确认它当下的情绪，你还得读懂它脸上其他部位的表情。如果它没露出牙齿，鼻子或眼睛上方也没有皱起来，那就是友好的表现。这时候它要么是表示顺服，要么就是在示好。不管是哪种情形，它都不会伤害你。

对于那些耳朵又长又重、垂到下巴以下的狗来说就要麻烦些。可卡犬、巴吉度犬没有办法把耳朵往后翻，因为耳朵太重了！所以它们不能像德国牧羊犬这类尖耳朵的狗那样"说话"。人类就是因为喜欢耳朵大而下垂的狗这般可爱的模样，才特意培育出这些品种的。但是耳朵大而下垂的狗同样会依心情变换耳朵的姿态，只不过变化很细微，我们（以及其他的狗）必须仔细观察，才能知道它们在说什么。

狗的听力丧失是会遗传的，
这种情况在白色的狗身上很常见。
例如，每**五**只大麦町犬中就有一只
是天生耳聋的。

大麦町犬

49

打哈欠

狗狗打哈欠就表示它累了，对吧？那可不一定！狗狗打哈欠更多的时候是因为压力，而不是发困。有时候在狗狗服从课程上，训犬师会发现全班的狗都在打哈欠。这是因为经验不足的狗主人讲话听起来就像在发脾气，让狗变得很沮丧，不知所措，所以就打起哈欠来了，这样做可以舒缓它们的心情。

想了解其中的道理，你自己伸个懒腰，打个哈欠吧！是不是觉得放松了一点？狗打哈欠除了想舒缓心情，也是在向同类保证自己绝无恶意。狗狗甚至会为了避免打架而打哈欠。

打哈欠是会传染的。人类看到别人打哈欠，可能也会跟着打哈欠；狗看到人打哈欠时也会这样，这是千真万确的。葡萄牙的一位科学家说，在她研究过的狗当中，有半数听到人类打哈欠的声音会跟着打；如果是听到主人打哈欠，狗跟着打哈欠的概率会提高五倍。

现在，你再打个哈欠，让你的爱犬听。它也跟着打哈欠了吗？如果是，那就太好了！这表示它能感受到你的感受，和你心心相印呢！

西施犬

沙皮犬和部分圣伯纳犬的
上腭是黑色的；
　　松狮犬和沙皮犬甚至连
牙龈和舌头
　都是黑色的。

松狮犬

啊！打哈欠
像泡温泉浴一
样舒服。

舔你的脸

爱犬啧啧有声地舔你的脸，是在玩亲亲吗？没错，是有可能，尤其它知道如果这样做能让你开心的话。不过对狗狗来说，这也可能是一种"安抚姿势"。狗狗这个可爱但有点恶心的行为，其实是传承自它们的狼祖先。

狼妈妈外出猎食之后，会把猎物吞进胃里带回家。一回到家，饥肠辘辘的小狼就会上前舔妈妈的口鼻部和嘴唇，直到妈妈把食物全吐出来为止，然后小狼就开始狼吞虎咽，分食这些恶心的肉糜！别人消化到一半的食物，对我们来说一点吸引力都没有，但是小狼会觉得这样更容易入口。

家犬通常已经不会有这种行为了，但成年犬可能会舔主人，或者说，在讨好主人时会重拾这种行为。狗称得上是心机大师，因为它觉得只要装可爱，就能从你手中骗到任何东西。它这么想很可能没错，除非你能看透它的伎俩！

如果狗狗舔自己的鼻子或嘴唇，则可能代表它很紧张或很焦虑：或许你正在骂它，也有可能是别的狗凶巴巴地闯进了它的地盘。舔嘴唇是狗狗让自己冷静下来的一种方式，这叫转向行为。在这种情况下，舔嘴唇是一种"安抚信号"，向世人宣告它并不想打架。

曾经有一只名叫**白兰地**的拳师犬获得过"舌头最长的狗狗"这一殊荣，它的**舌头**足足有 **43 厘米长**！

你的鼻子
粘到果冻啦!

蝴蝶犬

这只狗在说什么？

情境

朱迪是一只超级好动的搜救犬。它经常跑出去玩，不过视线从不会离开主人。朱迪的主人开始有点担心，想知道朱迪总盯着她是否正常。另外还有赫尔希，它是一只漂亮的巧克力色拉布拉多犬。每次主人坐到餐桌旁，赫尔希就目不转睛地盯着主人看。赫尔希的主人想知道，赫尔希有没有可能暂时把目光移开一下。

专家你来当

朱迪和赫尔希到底在想什么？它们的凝视是什么意思？

加里博士常常听人说起狗总是喜欢盯着人看的问题。朱迪的情况是，它要主人随时在它的视线范围内。这种情形在被送到动物之家的狗狗当中是很常见的，因为它们都有过走失或被遗弃的经历。很明显，朱迪缺乏安全感。

主人虽然觉得很欣慰，可老是盯着主人看对它的健康并没有好处。朱

迪已经是成年犬，应该展现出一定程度的独立性，特别是在和别的狗狗玩耍的时候，它应该放松，相信主人会在原地等它。

此外，如果在吃饭的时候，你曾经让爱犬坐在脚边，那你一定知道赫尔希要做什么，还不就是要东西吃！赫尔希觉得只要自己安安静静地坐着，用它大大的褐色眼睛凝视慈爱的主人，食物多半就会像变魔术一样，自动送到面前来，而且屡试不爽！

用眼神与爱犬沟通

在朋友之间，凝视是无伤大雅的。你的爱犬是在向你表达它的需求，它愿意对你开口，就代表你们之间的关系没有问题。

当你注视爱犬时，它能从你的眼中看出你的心情。这种开放的沟通对于建立坚定的情谊有很大的帮助。

但如果爱犬太黏人，则可能会引发严重的焦虑。比如，主人周末出远门了，朱迪可能就会抓狂、叫个不停，甚至会啃咬木制家具。

你可以帮助你的狗，让它觉得这个世界处处都是热情和友善，这样你们的关系才会更健康。给它介绍其他的狗狗和别的人、参加活动或带它出游，这些都能让它变得更自信。然后，

试着让它单独看家。一开始的时候，先给它玩具玩，然后只离开几分钟。慢慢地，再把离开的时间延长。最后，它就会相信，你一定会回来的。

　　至于赫尔希呢？面对它那可怜兮兮的眼神，你该怎么办呢？答案是忽略它！你可以翻回第38—39页查看，千万、千万别妥协！因为一旦妥协了，它就不会再尊敬你。

　　所以，快去找你的毛朋友静静地交心吧！仔细聆听彼此的心声就好了。

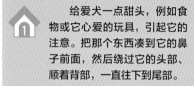

把屁股放下来！

教你的狗"坐下"

1 给爱犬一点甜头，例如食物或它心爱的玩具，引起它的注意。把那个东西凑到它的鼻子前面，然后绕过它的头部、顺着背部，一直往下到尾部。

2 它的眼睛一路盯着那个东西看的时候，臀部就会跟着放低。等它的屁股一接触到地面，你就说"坐下"。切记，说话的语气要很坚定。

3 表扬它，抚摸它的背，然后把食物或玩具给它。

4 开心地说"可以了"或"好了"，然后让它起身，四处晃晃。

5 每天练习几次。如果你或爱犬觉得不耐烦或累了，那就一定要休息，下次再来。

　　学会"坐下"，对狗来说是很基本的技能。训练狗时要有耐心，而且要前后一致，每次说的话和说话的语调都要一模一样。

巧克力色的拉布拉多犬

西施犬

罗得西亚脊背犬

什么都逃不过我的 鼻子

最近嗅到了一些精彩的故事吗？你的爱犬一定有，狗其实就像一台披着毛皮的嗅闻机器。我们人类固然记得某些气味，但主要还是靠视觉来理解这个世界，而且人类是以文字的形式来储存记忆的。

狗则是靠嗅觉。狗的上腭有一个用来储存气味的特殊囊袋，而它的大脑就像一个大型数据库，里面记载着所有狗狗都能搜寻到的气味。它们能识别成千上万种气味，其中有很多是我们人类无法闻出来的。

你大概已经很满意自己的鼻子了吧？不过如果你跟狗狗交换鼻子的话，你会对气味变得超级敏感：它的嗅觉细胞是人类的40~100倍；脑部记录气味的区域也比人类大得多；还有上下左右移动鼻头的能力，狗可以分别控制单边的鼻孔，来判断气味是从哪个方向传来的。

如果拥有狗狗的嗅觉，你就可以像那只名叫"云儿"（Cloud）的拉布拉多犬那样，坐着船去帮忙寻找失踪的海豚；也可以奔驰在柬埔寨的森林里，靠闻大便寻找老虎的行踪。没兴趣是吗？没关系，幸好我们有狗狗。

闻屁股

别取笑它们！狗狗这种打招呼的方式看起来好像很奇怪，它们不是握手，而是闻对方的屁股。一只狗先站着不动，让另一只狗来闻它，然后再交换。

事实上，这个行为是有原因的。狗的肛门腺在臀部，而肛门腺赋予了每只狗独特的气味。狗不是根据名字或者长相认出对方，而是靠体味来辨认朋友的。

对狗来说，体味所包含的信息就和身份证一样丰富。体味能显示这只狗的健康状况、年龄，甚至晚餐吃了什么。

在母亲身边待了七个星期以上的小狗通常都知道这个仪式，狗妈妈会教它们。而太早离开母亲的小狗，如果遇到陌生的狗在它身上闻来闻去，可能会发火。狗不合作、拒绝这种闻屁屁的社交礼仪的话，会被认为是"没有教养"，很难和其他狗狗交上朋友。

很高兴认识你。尽管闻，没关系。

比格犬

刚出生的幼犬
既**听不见**也**看不见**，
但很快就能凭着
嗅觉认出母亲。

腊肠犬

狗狗八卦站

狗狗不会发短信，也不会上网，不过它们对新闻还是了如指掌的。它们是怎么办到的呢？靠嗅觉。散步的时候，只要是同类尿过或大便过的地点，狗都会过去闻一闻。它们搜集信息就像看朋友圈的动态更新一样。想象一只名叫"米洛"的腊肠犬在家附近到处巡逻，它会发现：

"嗯，伊兹早上来过。"米洛边闻草地边想，"她很难过，所以或许她的主人不在家。"米洛接着闻一根消防栓。"那个爱显摆的流浪家伙还以为这是它的地盘呢。"米洛抬起腿来往消防栓上撒尿，而且撒在比流浪

狗的尿渍还高的地方。"哼，"米洛从鼻孔里哼了一声，"这样它就知道谁是老大了！"……就这样，当米洛巡逻完成自己的路线时，就已经把狗界新闻全部接收完毕了。

马克·贝科夫是科罗拉多大学的一位科学家，他很好奇狗是否能认出自己的体味。为了寻找答案，他花了五个冬天的时间，把沾了尿液的雪块贴上标签，混在一起，然后观察爱犬的反应。结果是，他的狗狗杰思罗闻了自己的尿液后就走开了。但如果是其他同类的尿，杰思罗就会在上面撒尿。

有时候狗大便以后会用后脚抓地。这么做的目的是让气味散开，宣示地盘。

嗯，
看来波和莉塔
这一对
又和好了。

腊肠犬

嗅你的胯下

这真是尴尬！你去朋友家，结果他的爱犬冲上来，把鼻子塞进你的胯下，这个动作足以让你的脸比关公还要红！但在你失态之前请记得一件事，那只讨厌的狗狗其实不是没家教，它只是爱管闲事罢了。在狗界，它的行为可是再有礼貌不过了。不管你喜不喜欢，狗认人的本事一流，只不过它们靠的不是视觉，而是嗅觉。

它之所以嗅你的胯下也是有原因的。人类的胯下布满了汗腺，这些腺体分泌的化学物质带有丰富的信息。狗狗好好嗅一嗅就能知道你是谁、你刚刚去过哪里、你家养不养动物。它还能闻出你的身体是否健康，甚至你晚餐吃了些什么。当然，如果你吃了辣椒或香蒜面包，那也不算什么秘密了。谁有口气芳香剂啊？

有的狗能利用嗅觉
协助搜寻
被雪崩埋住的人。

加里博士的叮咛

你试过对爱犬掩盖你的情绪吗？根本不可能！人类恐惧或兴奋时，汗液中会释放出化学物质，这个本领当然是因犬而异，不过有的狗狗确实能嗅出这些变化。你的爱犬真的闻得出"恐惧"的味道哦！

在臭臭的东西上打滚

呃，大便臭死了！可是狗狗偏偏喜欢在这种恶心的东西上打滚。具体原因目前我们还不是很清楚，不过科学家提出了好几种理论。

有的人认为狗这么做是为了用自己的体味来掩盖恶心的大便气味；也有人认为这是狗在伪装自己。因为几千年前的野狗必须在外面猎食或寻找腐肉来喂饱自己。当狗群在捕猎鹿或其他动物的时候，如果猎物闻不到它们的气味，野狗成功捕猎的概率就大一些。狗在鹿的粪便或动物的腐尸中打滚，可以掩盖自己的体味，这样一来猎物就很难发现它们的存在了。对于靠鼻子来观察事物的狗来说，改变体味或许就和人类穿迷彩服是一样的道理。

但有一个解释简单得多，说不定还是最正确的呢。我们人类喜欢喷香水或是在刮完胡子后喷点修护水，也喜欢闻别人身上的香水味。或许狗也喜欢自己身上香喷喷的，唯一的差别是，它们比较喜欢"牛粪香水"，不那么爱香奈儿五号。

美国马萨诸塞州剑桥市的一座**路灯**，是**第一盏**以**狗粪**为能源的街灯。

加里博士的叮咛

如果爱犬和臭鼬打斗过，你可千万别用西红柿汁帮它洗澡。因为很多人都听说过这个偏方，但这其实并不管用。正确的做法是用双氧水、小苏打和洗洁精的混合液帮爱犬擦澡（注意别沾到狗狗的眼睛上），让它渗入狗狗的毛发之中，20分钟后再用清水冲洗干净，这样它又可以变得香喷喷的了。

啊，我超爱"牛粪香水"的味道。

混种拉布拉多犬

这里面的东西
绝对不是
睡衣！

德国牧羊犬

辨味专家

担心有炸弹、毒品、逃犯，或者花生（如果你对花生过敏的话）、臭虫吗？不管是什么东西，狗狗都能嗅出来，训练过的侦察犬能提醒人类注意很多危险的情况。现在，人类甚至会训练狗去嗅出有致命危险的癌症。

你想知道狗是怎么办到的吗？试想一下，你走进厨房，看到一盘刚出炉、热腾腾的巧克力碎片饼干，你会想：哇，饼干好香啊！

可是如果晃进厨房的是一条狗，它闻到的就不只是饼干的香味了，它能闻到糖、面粉、鸡蛋、巧克力碎片以及香草的味道。也就是说，它能闻出每一种材料的味道。

科学家发现，很多肿瘤会释放出特殊的化学物质。将人类呼出的气体、皮肤或尿液样品给受过训练的狗狗闻，它就能分辨出这些气味的每一种成分。当嗅出样品中有癌症的气味时，狗会就地坐下。到现在为止，这些勤奋工作的狗狗已经能辨识出皮肤癌、膀胱癌、肺癌和乳腺癌了，而且在癌症早期它们就能发现，这是癌症最容易治疗的时期，也是最容易治愈的阶段。

在放满水的奥运标准游泳池中溶入仅仅半小勺的糖，狗都能闻出糖味来。

尿在你的脚上

曾经有宠物狗往你的脚上撒尿吗？你当时是不是唯恐避之不及呢？其实狗狗这样做并不像大多数人以为的那样，是因为兴奋过头而导致尿失禁。它是故意这么做的，目的是想让你知道它明白自己的身份，就像在部队里，普通士兵向将军报出自己的姓名、军衔和编号一样。

一群狗就像一支军队，它们的组织呈金字塔状，每个成员都有指定的阶层。在军队中，大部分的军人都是士兵。同样的，在一群狗当中，大多数也是听命令的跟随者。士兵和跟随者都在金字塔的最底层，而将军和狗群的领导者则处于金字塔的顶端，会做出决策、向部下发号施令。

与好胜的人类不同，大多数狗只要领导者足够强大，并不介意当部下。爱犬在你的脚上撒尿，其实是在对你说，你是老大。它在你的脚下留下这一小摊能嗅出它年龄和性别的臭水，是要告诉你它会听从你的领导。如果这些忠心耿耿的狗部下懂得行礼致敬就再好不过了！

加里博士的叮咛

以前人们常说，如果狗在屋子里撒尿的话，要按着它的头去闻自己的尿。其实这种做法是不对的，除了让狗狗害怕之外，没有任何用处，下次它可能就干脆偷偷地尿在衣柜里了。

家里养狗的学龄儿童
更少旷课，
免疫系统
也可能更强。

希望你能理解，
我这么做
完全没有恶意。

比格犬

这只狗在说什么?

情境

五岁大的德国牧羊犬达斯汀是一只缉毒犬。它正在学习分辨三种浓郁的香味:桦木、茴香和绿薄荷。训练员把这几种香料藏在 30 个箱子里,这些箱子里同时也放了达斯汀最喜欢吃的零食。只要找到正确的箱子,然后"示警",它就能吃到箱子里美味的零食。达斯汀把这些香味和好吃的零食联系在了一起,最后终于学会了分辨这些气味。

专家你来当

像达斯汀这类狗的嗅觉为什么这么敏锐?执法人员为什么这么倚重这些狗狗?

警犬能在机场嗅出诸如毒品等违禁品,能确保火车乘客的安全,能在火灾或其他灾害的现场搜寻伤员,还能找出最狡诈的窃贼或毒品走私犯。更厉害的是,它们的动作如此迅速,甚至在人类开始搜寻之前就已经找到了。

狗的鼻子要比人类的鼻子灵敏 40~100 倍。它们的鼻子里面有许多纤毛,纤毛可帮助气味分子快速通过鼻孔。狗的口鼻内有弯弯曲曲的通道,长度很长,气味分子顺着通道而下,到达嗅觉神经,嗅觉神经直接将信息传到脑部(人类辨别气味的过程也是如此)。因为狗狗的鼻腔通道数量远比人类多,所以它们辨识气味的能力和速度都远高于我们。所有的狗狗都是辨味高手,而有些品种的狗更是高手中的高手,因此这些狗狗会成为执法单位的首选,能胜任缉毒、搜救和安检等工作。

德国牧羊犬

通过测试

挑选警犬时，首先考虑的关键因素是性格。入选的先决条件有五项：非常乐于与人相处、有运动天分、接受食物激励、聪明伶俐，最后一项是专注。警犬的专注力是犬科动物中数一数二的。进行重要的搜寻行动前，警犬需要先接受训练，不断地嗅闻同一种气味，例如一块又破又脏的布。另外，每次找到线索时，训练人员一定要喂它最爱的零食作为报偿，绝不可破例！

气味在狗的生活中极其重要。对狗来说，气味就只是气味，无关好恶；气味里面藏有无数信息，通常无所谓好坏。当然，对狗来说，有些味道，比如柑橘、氨水或漂白水的味道，因为过于浓烈，它们会不喜欢，甚至很难受。但狗不像人那样，碰到腐臭味或汗味会皱眉掩鼻，因为在它们看来，所有气味都很有趣！

并不是所有狗狗都能像达斯汀一样成为顶级侦探，但对人类来说，幸好有这样的狗，不然我们很难想象，没有它们我们的生活会是什么样。

我闻、我闻……
我知道是什么气味了！

锻炼爱犬的嗅觉

 用热狗把狗狗的塑料玩具的表面整个涂一遍，改变玩具的气味。

 用牵绳牵着狗狗，把玩具扔到离它大约1米的地方，然后对它说："去把玩具找回来吧！"爱犬嗅闻玩具的时候要赞美它。重复这个游戏，但是每次都把玩具扔得比之前更远一些。

 狗狗熟练之后，请一位朋友拉住牵绳，你自己去把玩具藏起来，让狗看着你藏玩具。你可以把玩具藏在沙发后面、抱枕下面，或藏在树后。多试几次。

 狗狗找到玩具的时候，别忘了奖赏它。另外，要给它时间休息，因为狗狗闻气味是很耗费体力的。

 在爱犬没有看到的时候，先把玩具藏起来，然后对它说："去找回来吧！"同样，在它找到玩具的时候，给它大大的奖励！

如果你是用零食来奖励爱犬，别忘了要陪它玩耍，让它运动，把多余的热量消耗掉！

腊肠犬

泄露心思的尾巴

狗的尾巴由神经、骨骼、肌腱和肌肉组成，是狗脊椎的一部分，看起来好像没什么用，但实际上非常重要，因为狗狗的尾巴是用来"说话"的。

除了少数天生没有尾巴的品种以外，狗的尾巴的确发挥了这项功能。有些狗出生后不久，尾巴就被剪掉或是修短，这是为什么呢？部分育种者的说法是，这样做是为了避免猎犬伤到尾巴。但其实剪掉尾巴根本没必要，纯粹只是为了外观，而狗狗是无法用残留下的尾巴根和外界沟通的。不能沟通的狗狗和同类交朋友会比较困难，人类也得花费更大的力气才能了解它想说什么。

有人想借助高科技来解决这个问题。英国犬科动物专家罗杰·马格福德医生，发明了一种绑在狗尾巴上的小型传感器，叫作摆尾计，这种仪器能测量狗摆动尾巴的次数、间隔时间以及摇摆的幅度，我们可以利用这三个数据来判断狗的情绪。

幸好我们不需要用到摆尾计。下面就让我们来解读狗狗摆尾的各种不同的方式，以及每一种所代表的含义。相信我，尾巴的故事是很多的！

威玛猎犬

醒目的尾巴

假设你是一位古代的将军，要在战场上集合军队。可是那时候还没有手机，甚至连无线对讲机都没有，该怎么办呢？古代的将军会升起旗帜，军队看到旗帜后就知道将军的位置，并知道该过去集合了。

小狼的父母和狗群老大用的也是这个办法。只不过它们不升旗，而是把自己的尾巴竖起来。只要狗竖着尾巴，趾高气昂地踱步，就是在向世人宣告它是老大。

如果狗老大有一条醒目的尾巴，效果就更好了。这或许就是狼会有这么一条毛绒绒的大尾巴，以及狗尾巴下侧的毛色一般稍淡的原因。只要尾巴竖起来，就会露出颜色较淡的毛，这用来打旗语再好不过了！

千万别去拉狗狗的尾巴， 否则可能会造成它们的尾巴脱臼，**甚至伤到神经，** 以至于狗狗的尾巴再也不能摆动了。

金毛寻回犬和巧克力色拉布拉多犬

牧羊犬和比特犬的混种

加里博士的叮咛

　　如果你养的是杜宾犬、罗威纳犬或其他剪过尾巴的大型犬，最好别带它去宠物公园。因为这几种狗生气时不能竖起尾巴向同类发出警告，因此可能会和别的狗打起来。

我警告你，别踏进我的地盘！

黄色拉布拉多犬

尾巴举得挺又高

不同品种的狗，尾巴的姿态也不相同。雪橇犬蓬松的尾巴会很自然地举得很高，在背上形成一道长长的弧线；阿拉斯加雪橇犬也是如此。但牧羊犬、拉布拉多犬等品种就不会这样了，它们会垂下尾巴，像绑成马尾的头发一样。

千万牢记：狗狗越是害怕，尾巴就会垂得越低。感受到善意、放松的时候，它们的尾巴会保持在平常的位置。如果它的尾巴举得比平时高，就表示它对自己信心满满；如果它硬挺挺地竖着尾巴，那你就得当心了！这表示它正处于警戒状态，甚至可能主动攻击。

人类的祖先也长有尾巴。
不过，在人类开始直立行走后，
尾巴就退化到
只剩下尾骨了。

混种拉布拉多犬

卷 起 的 尾 巴

你可能有这样的同学或者好朋友：他们能把食指整个伸直，然后只弯曲第一个指节。之所以能这样做是因为他们的手指有双重关节，而他们这么做只是为了看到你惊讶的表情。

有些狗的尾巴也能做出类似的动作。问题是，它们这么做，绝不是为了要可爱。相反地，这是一种警告的信号。这可能是又一个从狼身上传承下来的行为，只要狗做出这个动作，它的脑子里想的绝不是好事。它可能是听到了奇怪的声音，或是看见陌生的人或狗朝它走过来。不管是什么，它都将其认定为威胁，并准备保护自己。这时候你千万不要参与进去，不然它可能会把你误认成敌人。

动物救援组织 给了这只名叫 **斯库特** 的比特犬 重生的机会。 **它曾被罪犯** 用来行凶抢劫， **现在却是** 有执照的医疗犬。

出生约七周后，狗狗才会摇尾巴。
这也是它们开始会
"说话"的时期。

混种喜乐蒂牧羊犬

受到惊吓时的摆尾动作

你可能会觉得狗狗摇尾巴就一定是友善的表现，那可不一定！狗受到惊吓，有疑虑甚至准备咬人的时候，也会摇尾巴。所以，在狗狗摇尾巴的时候，千万要仔细观察了！它的尾巴是不是僵直地高高竖起、只摆动末端？它摆动尾巴的速度可能相当缓慢，也可能尾巴末端快速地来回抽动，看起来几乎就像振动一样。

不管是哪一种，都表示它一点儿都不开心，也不友善。事实上，它很紧张、不高兴，或许是想要保护自己心爱的啃咬玩具，或许是正在打猎物的主意。

这时候，你最好的对策就是什么也别做。不要去摸它，甚至不要靠近，免得它因此受到惊吓，转而攻击你。你只要走开，别理它就好了。等过一会儿，狗的尾巴摆回正常的位置，而且大幅左右摆动时，你再跟它玩耍吧！

不要过来！
让我自己静
一静。

尾巴夹在两腿之间

狗狗的尾巴就像心情戒指一样，能表现出它们的情绪，唯一的差别是狗尾巴不会变色，而是改变姿态、形状，或是摆动的方式。

尾巴最基本的功能是帮助狗在快速奔跑时保持平衡。侧身转弯时，狗狗全身的重量会倒向一侧。为了不至于摔倒，它们会把尾巴伸向另一侧，以保持平衡。猎犬在游泳的时候，尾巴也可以发挥舵的功能，帮助身体转弯。如果狗狗只是出去溜达一下，那条沉重的尾巴难道就这样白白拖着、毫无作用吗？当然不是！经过长时间的演化，狗狗的尾巴又发展出另一种用途——可以表示自己的情绪。

如果狗的尾巴垂下来，夹在两腿之间，那它要传达的信息是很明显的：它被吓坏了！也许是听见了雷声，或者看到一只大狗走过来，或者是你正在大发雷霆，而它很怕你。

戴心情戒指纯粹是为了好玩，而狗的尾巴只会说实话。

日本有一家公司为人类设计了一种毛茸茸的尾巴，用夹子固定在身上，可通过脑电波控制。你高兴的时候，尾巴会**摆动**；难过时，尾巴就会**垂下**。

哇！
这是什么声音呀，
吓死我了。

不同品种的狗，尾巴也不一样。荷兰毛狮犬的尾巴会卷到背上，惠比特犬的尾巴则夹在两腿之间。那么，你怎样才能知道爱犬的尾巴在什么位置表示它是放松的呢？当爱狗的人们到收容所来领养狗时，我们会让他们看看狗狗放松时尾巴的样子，以后他们就能判断爱犬的尾巴是高还是低了。

新斯科舍诱鸭寻回犬

平伸的尾巴

是谁？什么事？什么时候发生的？在哪里发生的？为什么会这样？不管人类还是狗狗，大家都想知道这些问题。哪些景象、声音、气味会吸引狗狗的注意呢？说出来或许会让你大吃一惊！即使是鼾声如雷的狗，听到有脚步声靠近，或是闻到烤棉花糖的味道，都会一跃而起。毕竟狗是狼的后裔，而狼的生存在很大程度上靠的就是敏锐的感官。

当狗狗的尾巴向后平伸、与背同高的时候，就代表它对某个东西产生了兴趣。当然它也有可能会把尾巴举得比正常时略高，没关系，只要尾巴不是僵硬的就行了。你可以看看什么会引起狗的注意。

你相信有的狗很爱看电视吗？这是真的。虽然大多数的狗狗对电视视而不见，但随着高画质、高科技平面电视的问世，这种情况发生了改变。越来越多的狗狗爱上了看电视，它们最感兴趣的是自然生态类的节目，以及有狗狗参演的节目！

在美国加利福尼亚州，人们可以订阅"狗狗频道"（DogTV）。这是第一个专为狗制作播出的全天有线电视频道。加利福尼亚地区以外的狗狗也可以在网络上收看哦！

牧羊犬和拉布拉多犬的混种

吉娃娃腊肠犬

高兴时的摇尾动作

咚、咚、咚！狗狗躺在地上摇尾巴，一下下地拍打着地板；或者站着使劲地大幅度摆动尾巴，甚至像转圈圈那样摇尾巴。

狗狗摇尾巴通常是因为兴奋。当狗狗看到主人的时候，通常会兴奋地拼命摇尾巴，以此表达自己高兴的心情。但狗狗摇尾巴的原因可不只这一个，它们产生攻击性或感到恐惧的时候也会摇尾巴。你怎么知道它到底是什么意思呢，尤其是你第一次见到这只狗的时候？

首先，想一想你是怎么跟朋友挥手打招呼的。如果你真的希望他注意到你，那你一定会用力挥手，对吧？同样地，狗狗想引起你的注意时也一样，它会大幅横扫尾巴，画出一条很长的弧线。第二，注意它的速度。如果速度很快，那就是在微笑，表示这只狗真的很爱你。

最近科学家又有了新的发现。虽然狗老是跑来跑去，很难看清楚，不过你知道吗？狗狗高兴的时候，尾巴一定是往右摆的。

加里博士的叮咛

摆动的尾巴能真实地表现出狗的情绪。狗无法控制尾巴摆动的时机和方式，它的尾巴就像通往脑部的电线，能直接传达狗的喜怒哀乐。

狗狗只会对人类
或其他动物摇尾巴，
而不会对树木、汽车
这些没有反应的事物摇尾巴。

这只狗在说什么？

情境

布鲁是一只 40 千克重的拉布拉多犬，它简直就像一台摇尾机器。这只黄色的大狗会在路上对着和气的陌生人摇尾巴；它觉得别人似乎要拿东西喂它了，也会摇尾巴；主人回家的时候，它更是将尾巴摇得比暴雨中的汽车雨刷还要快。

但是布鲁在觉得不安的时候也会摇尾巴，甚至准备和别的狗狗单挑的时候也要摇尾巴。它一天到晚地摇个不停，这让它的主人很困惑。最后他忍不住打电话给加里博士，问道："我这只狗的尾巴到底是怎么回事啊？"

专家你来当

布鲁的尾巴究竟想告诉我们什么信息？摇尾巴代表很多不同的意思吗？

不懂狗的尾巴在说什么，就无法了解狗的语言，就这么简单。摇尾巴代表狗狗的情绪激动。但激动

有两种：一种是高兴的激动，另一种是紧张的激动。布鲁迎接主人回家，或是等着吃一口培根的时候是高兴。这时候，它的尾巴摇摆的幅度很大，会从一侧摆荡到另一侧，甚至还会转圈圈。

但如果碰上了别的狗，布鲁的情绪就不一样了。它当然也激动，不过是紧张的那种。它会想，这只陌生的狗会表现出友善的举动吗？或者是个恶霸？因为不确定对方是什么样的狗，也不知道自己该如何应对，所以布鲁摆动尾巴的速度慢下来了，意思是："我是很高兴认识你，不过我们还是慢慢来比较好。"也有另一种情况，那就是布鲁的尾巴摇得更快！尾巴挺直、竖得高高的，只剩末端在摆动或振动，这时候它的意思是："小

杰克罗素梗

心点儿兄弟，我跟你不熟喔！"但也有少数品种，包括杰克罗素梗、柴犬、巴仙吉犬和美国爱斯基摩犬，它们的尾巴永远是竖起来的。但大多数的狗尾巴竖得越高越直，就表示它们的攻击意图越强；而尾巴放低则表示在害怕。

看懂尾巴的语言

即使你碰到的是像布鲁这样个性很好的狗，在抚摸它们之前，也得先问一问主人。狗狗的尾巴可能伸得直直的、摇得很起劲，所以你觉得它很高兴、想认识你。通常这样想是没错的。但无论如何，靠近任何一只狗之前都应该先询问，因为，即使狗摇着尾巴看似高兴，也不见得表示它喜欢你。

狗狗尾巴的形状、姿势和动作实在是太多了。重要的是，别只顾着注意它们的尾巴在什么位置，摆动速度是快还是慢，看到狗的时候，要先停下脚步，想一想你对它的第一感觉是什么？很自在吗？还是有点儿不安？狗对你也会有一模一样的感觉，要解读狗的语言，直觉和观察、聆听同样重要。

判断一只狗的时候，一定要相信自己的直觉。布鲁就是这样。

待在这里不要动！

教你的狗"待在原地"

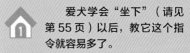

1 爱犬学会"坐下"（请见第55页）以后，教它这个指令就容易多了。

2 站在狗前面，叫它坐下。

3 狗狗坐下后，手往前伸直，掌心向下，就像要它停下来那样，然后对它说"待在原地。"

4 往后退一步，说："待在原地。"如果狗狗能保持一两分钟，就夸奖它，给它一点儿奖励。

5 记得要在狗"待在原地"时夸奖它，而不是在它动之后。要不然，它会误认为你是因为它动了才给奖励的。

6 热情地鼓掌，说："好了。"让它自由放松。

阿拉斯加克利凯犬

慢慢地增加距离，甚至转身背对它走到隔壁房间。很快地，你的爱犬就会成为"服从"的最佳典范。

叫声知多少

你有没有想过，如果能把狗语翻译成人话该有多好？幸运的是，现在的确已经有几家公司推出了一种机器，宣称能把狗狗的声音翻译成人类的语言，不管是轻声的嘶鸣还是大声的吠叫都能翻译哦！

日本的犬类专家把狗的叫声录下来，然后按照六种不同的情绪加以分类，并把这些声音全都储存在计算机数据库内。你只要把一副特制的无线电麦克风别在狗狗的项圈上，自己拿着接收器，就可以翻译爱犬的叫声了。狗叫的时候，这套装置会把爱犬的声音和数据库里的语音文件配对，然后把文字信息发送给你："我需要朋友"或是"我现在想玩耍"。日本原创的狗语翻译机（Bowlingual）一上市就热卖，被时代周刊评为 2002 年最酷的发明之一。

萨摩耶犬

不过话说回来，谁会需要狗语翻译机呢？匈牙利的一项研究表明，儿童特别擅长解读狗狗的声音，连小婴儿都能把狗狗高兴或生气的叫声和相应的图片配对呢！所以，别管什么翻译机了，起码狗狗应该更爱吃零食而不是发信息吧！

可卡犬与牧羊犬的混种

急促的吠叫

汪！汪！汪！一连串急促的叫声是狗狗集结同伴的紧急信号。如果叫声持续，但声调变低，就表示它越来越担忧了。它在说："快过来，这里有情况！"可能是小偷入室盗窃、失火了，或是小孩不舒服；但也可能只不过是邮差到了家门外而已。除非你过去看看，否则是不会知道它们为什么要这样叫的。

想想《小飞侠》里的达林先生。他对着家里的纽芬兰犬娜娜大发雷霆，把它从孩子的房间里拖出去，绑在后院里。可怜的娜娜看见小飞侠来了，叫个不停，可是达林先生充耳不闻。后来，达林先生发现小孩不见了。他因为小孩失踪而自责不已，于是把娜娜带回屋内，自己住到狗屋里去。

是不是很傻呢？确实。不过在狗狗发出警戒的叫声时，去看一下才是正确的做法，因为狗的叫声拯救过无数的生命。

有的狗叫起来像连环炮。
曾经有人算过，
有一只可卡犬
1分钟叫了
90多声！

短促的叫声

我们来玩球！要不然玩飞盘！猫捉老鼠也可以！玩什么都好！提议的可能是柯利牧羊犬、西施犬，或是任何一种狗；它可能是爱玩爱闹的幼犬，也可能是已经成年的成犬；它可能在怂恿别的狗，也可能把你锁定为目标。不管游戏规则是什么，邀玩的叫声永远都一样——短促的叫声。

这种叫声可以分成两个部分。结尾时音量会比开始时大，听起来很欢快。

狗狗在玩闹时还会发出另外一种愉悦的声音，它们会笑！但是狗狗咯咯笑时的频率太高，人耳无法听到。

以前的科学家认为狗会笑是无稽之谈，但是现在凭借特殊的录音设备录制下录音带，人类已经能够听见狗的笑声了。这种声音不同于吠声，比较像喘气声，而且很特别。其他狗在听到这种笑声后立刻就能分辨出来，还会迫不及待地想过来一起玩呢！在美国华盛顿州的一家动物收容所里，人们有时候会播放有狗狗的笑声的光盘，来让笼子里的狗狗放松。看来无论人还是狗，听到笑声都会很开心呢！

原产于埃及的**巴仙吉犬**不会汪汪汪地吠叫，它叫起来就像**用真假嗓音交替**歌唱一样。

大多数人都以搬到外地为由，把狗狗送到收容所，但其实可能并不是这么回事儿。有的狗狗照顾起来真的比较麻烦。正因为这样，我们才需要专业的训犬师。好的训犬师绝对值得你花这笔钱，他会把你的爱犬带走一个星期甚至更久，让它在这段时间里心无旁骛、专心致志地学会听指令行事。之后，训犬师会把它送回来，让你看看它的学习成果，并告诉你与爱犬相处的技巧。

快点儿，让我们一起玩吧！

混种格力犬

缓慢的叫声

 狗的吠叫对我们人类好处多多。狗在遇到危险时有示警的能力，这也是人类最初开始养狗的原因之一。但有时候，狗狗的叫声也会让人抓狂，它们会无缘无故地（至少我们不知道原因）一连好几个小时叫叫停停、停停叫叫，没完没了。

狗是群居性动物。人类培育不同品种的狗，为的就是要它们陪伴我们。把狗狗单独关在家里，或把它拴在外面，就和让孩子罚站一样。狗没有事情做，或者没有人和它一起做，就会觉得寂寞无聊。所以，叫个不停其实是它引人注意的手段。

对于这个问题，有一个解决办法，那就是早上去上课或者上班之前，先带狗狗出去好好遛一圈，消耗它的精力。这样你不在家的时候它可能就会睡觉；在益智玩具里塞点儿食物也可以让它忙上好一会儿。但避免狗狗无聊的最好办法，还是请个人来帮忙遛狗，让它不至于在家孤单太久。把狗送到日托中心也是一个办法，这样长期下来虽然是一笔支出，但对狗狗来说很有趣，就像去度一天假一样。

不是只有狗才会吠叫，鹿、加州海狮和猴子也会。

嗥 叫

嗥叫声久久萦绕不去，听起来很悲凉。有些人在夜里听见森林中狼群的嗥叫时会吓得直发抖，但也有人喜欢这种原始的呼唤。不过当家犬扯开嗓子嗥叫时，大家的反应都一样：不是忍俊不禁，就是捂住耳朵！

科学家认为狼嗥叫有以下几个原因。第一，狼嗥如同起床号角。狼没有号角，因此它们利用嗥叫声来唤醒、集结同伴。第二，为了狩猎。狩猎是有危险性的，可能会受伤。所以狼群在出发打猎前嗥叫一番，就像足球比赛前队员喊口号、唱战歌一样，目的是为自己加油打气。此外，狼嗥也是为了宣示主权，警告竞争者远离它们的地盘。

那狗狗为什么嗥叫呢？收容所的狗嗥叫可能是在呼唤主人，但很多狗嗥叫其实只是为了好玩。一只狗带头，其他同类立马附和，然后就变成大合唱了，只不过它们是各唱各的调。

加里博士的叮咛

狗狗嗥叫的天性传承自狼。小提琴演奏、救护车鸣笛，甚至吹口琴的声音，都能让某些狗狗受到刺激而加入合唱，尤其是比格犬，它们更是和声高手。

1980 年，一首名为"嗥叫"的严肃音乐曲目在美国卡内基音乐厅正式上演，由 20 位音乐家和三只嗥叫的狗狗共同表演。

低 鸣

低鸣和嚎叫不一样。狗狗嚎叫的时候，会固定在一个音调上无尽延长，而低鸣则有高低音的变化；嚎叫声听起来很哀伤，而低鸣声听起来则是兴奋激动的。

比格犬和巴吉度猎犬等猎犬都很善于低鸣，它们的任务是帮助猎人追踪猎物。这一类狗闻到气味就开始追踪，问题是狗狗的嗅觉会疲劳，几分钟后就会放弃。这就好像你闻到香水味一样，一开始味道很浓，但慢慢地会变淡。正因如此，猎人狩猎时总是带着一群狗。如果一只狗放弃了，其他的狗就会补位。只有还在追踪气味的那只狗才会发出声音。低鸣声能让猎人知道猎物所在的位置，也让狗群知道要跟随哪一只狗。

人类刻意将猎犬培育成具有美妙的嗓音，而有些繁育者宣称他们的成就不止如此，他们说他们的狗在追踪兔子和鹿的时候叫声也不一样。

比格犬的英文名称 Beagle

可能源于一个古老的法语单词，意思是"大嗓门"，因为它低鸣的声音特别大。

巴吉度猎犬

咆哮

狗狗吠叫的时间远比咆哮多，真是谢天谢地。不过要记住，当狗狗从胸腔里发出低沉的叫声——也就是当它咆哮时，一定要把它当回事儿。这可能发生在以下两个情境：一是你们在玩拔河比赛，它只是假装在咆哮；二是它在警告你别靠近它。狗能发出的声音很有限，对我们来说，咆哮声听起来全都一样，差别在于情境。因此，狗狗在"说话"的时候，我们一定要弄清楚前因后果。

一般来说，体型越大的动物声音越低沉。狮子、老虎和熊都很庞大，咆哮声也都非常低沉有力，一吼大地便为之震动。不过这并不代表"小个子"就不会咆哮。不光看似温驯的兔子和负鼠会咆哮，吉娃娃、腊肠犬、迷你贵宾犬这些小型狗也会。它们的目的是欺骗敌人，让敌人误以为它们其实不那么娇小。有些玩赏用的小型犬，可能会比45千克重的大型犬更容易咬人。所以切记，听到狗狗咆哮，就要想到它可能在威胁你!

在狗狗的叫声中，有一种声音比咆哮更危险，那就是"不出声"。如果它本来一直对你咆哮，忽然停了下来，别以为它是打算跟你和好。狗一旦打定主意要咬人，就不再发出警告，而是直接攻击。

所有狗能发出的声音，狼都能发出来。

102

罗威纳犬和牧羊犬的混种

哀鸣

小孩子喜欢呜呜呜地哭泣，狗宝宝也是，很多小动物都这样。这种高频的叫声特别容易让母亲察觉到，不过也很烦人，想不听都难。

狗宝宝哀鸣的目的跟小孩的一样，都是有所求。狗哼哼唧唧地叫，可能是想要东西吃、要人陪它玩、想进房间跟你腻在一起，可能是它需要上厕所，甚至也有可能是受伤或生病了，虽然这个可能性不大。幼犬哀鸣的原因很多，你不能一味地装聋作哑，因为这是没有用的，它们会坚持不懈地叫，而且声音会越来越大。

成年犬也会哀鸣，原因也都一样。成年犬哀鸣的原因可能是它想要某个东西，可能是紧张或不开心，也可能是很兴奋。这时候你得注意一下周围的情况，看看是不是有什么东西惹它激动或生气。也许是有陌生人靠近，也许是它想跟别的狗狗玩耍。如果你帮它消除了威胁，它会感激你的。或者你也可以把飞盘往另一个方向扔出去，这样它很可能就会忘了为什么要哀鸣，于是便停下来了。

狗狗非常喜欢和人亲近。如果在人和另一只狗狗中选择一个的话，它们永远都会选择人。

加里博士的叮咛

狗狗在夜里哀鸣不是因为要找妈妈，而是因为太暗、太安静了，它们需要人关心。最好的对策就是白天和晚上陪它们玩个够，等到关灯睡觉之后，你的耳根子应该就能清静一下了。

妈妈，我跟你说过了，我要吃零食！

澳大利亚牧羊犬幼犬

混种牧羊犬幼犬

呜 咽

狗狗呜咽起来简直和小孩子哭没什么两样。狗狗呜咽的声音大概是这世界上最悲伤的声音了，通过这种声音你立马就能听出来狗是受伤了、生病了、受到惊吓了，还是处于痛苦之中。

所以，狗狗也能感受到人类这些相同的处境也就不足为奇了。英国伦敦有两位科学家听说过许多忠诚的狗狗在人类不开心时，会伸出援手给予安慰的故事。不过这是真的吗？

为了寻求答案，他们找了18只狗和它们的主人来进行一项实验。其中一位科学家进行居家拜访，在访问过程中，科学家和主人一起做三件事：他们一起唱歌、说话，然后假装哭泣。唱歌的时候，有6只狗狗靠过来查看，大概是出于好奇。但在哭泣的时候，竟有15只狗狗上前来查看。不仅如此，狗狗还表现得非常温柔体贴，它们夹着尾巴，低下头。人类痛苦的时候，狗狗这么快就对我们有所回应了，人类是不是也应该这样对它们呢？

一只名叫"幸运"的狗迷路了，在零度以下的意大利阿尔卑斯山区度过了 10 天，而且还活了下来。一位搜救人员循着呜咽声找到了它，当时它被半埋在雪堆中。

107

可卡犬

喘 气

你可能有这样的经历，当你紧张的时候，腋窝常常会有湿漉漉的感觉。之所以会出汗，是因为紧张和压力导致体温上升。

狗狗是不会出汗的，它们没办法流汗。因为狗狗不像人类那样全身上下都布满了汗腺，它们只有脚掌的肉垫上才有汗腺。所以狗狗体温过高时，走过的地方会留下一排湿漉漉的脚印。

不过狗狗的确会感到焦虑。与人类一样，焦虑会使狗的体温升高，所以狗狗在非常紧张的时候，可能会和在太阳底下或奔跑之后一样，喘个不停。它会张开嘴巴，伸出舌头，让水分从舌头表面蒸发掉。这时候它会发出熟悉的"哈哈"声。这种喘气声是狗狗感受到压力时的喘气声。

所以，如果爱犬出现这种情况，请带它到让它感觉有安全感的地方。如果做不到，那就让自己平静下来，你的正能量也是能感染它的。

加里博士的叮咛

狗狗如果大热天被锁在车内，可能不到 20 分钟就会因心脏病发作而猝死，所以如果你要去逛街的话，最好不要带着狗狗。

有些品种的狗 能连续跑上一整天。**在著名的艾迪塔罗德** **狗拉雪橇大赛**中，**雪橇狗需要拉着雪橇横越** 1786 千米的阿拉斯加荒野。

这只狗在说什么？

情境

狗会发出一些奇怪的声音，有时候我们真的搞不懂是什么意思。加里博士接到一个电话，主人想知道史巴奇怎么了。史巴奇每次一跳上主人的车，就不断地高声哀鸣尖叫，怎么样都无法让它停下来，在车厢这种狭窄的空间里，大家都受不了。即使他们是去做史巴奇最喜欢的活动——森林徒步，主人还是觉得史巴奇的叫声听起来很痛苦。史巴奇的尖叫声会引来旁人侧目，非常尴尬，可是全家人都没办法让它静下来。

专家你来当

史巴奇到底是怎么回事呢？它是兴奋过头，还是待在车上让它感到焦虑痛苦？

狗会告诉我们它的需求和感受，只不过用的是它们的语言。我们得把它的肢体语言和当时的情境结合起来考虑——叫声只是伴随

巴吉度猎犬

而来的东西而已。

第一，当主人开车门的时候，史巴奇有什么反应？它僵在那儿，打算逃跑吗？还是立刻就跳上车了？第二，我们得看史巴奇在车上的行为。我们知道它会呜咽尖叫，但除此之外呢？事实是史巴奇总是心甘情愿、开开心心地上车。上车以后，它从来不睡觉，还会竖起耳朵，笔直地坐着，直视正前方的窗外，全神贯注地看着前方的路。

这么一来，我们就很容易找出它尖叫的原因了，原来史巴奇并不是不开心。它尖叫大叫是因为期待即将到来的快乐时光，它兴奋得忍不住要表现出来。史巴奇是乐不可支，但主人

可就头痛了。虽然要让它安静下来几乎不可能，但是有几种办法能有所帮助。

你叫我也叫

上车前先带爱犬去散步或让它玩我丢你捡的游戏，让它精疲力竭，这样就可以抑制太过兴奋的行为。另外，也可以用"安定眼罩"遮住它的眼睛，以免它反应过度。不过事实是，狗还是想要说话的。

很多主人都觉得自己的狗狗太爱乱叫了，但偏偏很多狗狗觉得，帮主人注意风吹草动是它的职责所在。因此，千万要记得，狗狗会叫都是出于善意的。我们的爱犬是要告诉我们，有外人来了，而且离我们家太近了，对爱犬大呼小叫是解决不了问题的。主人得花很长的时间，费很大的力气，才能减少这种"早期预警系统"发作的次数。不过你可以先从转移注意力着手：每次它在车上或是别的狗经过时，如果它保持安静，或者没有冲到门边，就给它零食作为奖励。这绝不是件容易的事，得花很多心血才行。

狗狗能发出各种各样的声音：哀鸣、哭泣、尖叫、吠叫、咆哮、喋喋不休、尖声急吠、低声怒吼。但只要仔细观察，你很快就能解读它们的语言了。

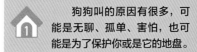

训犬秘籍

安静一下！

控制狗狗过度吠叫的秘诀

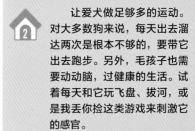

1 狗狗叫的原因有很多，可能是无聊、孤单、害怕，也可能是为了保护你或是它的地盘。

2 让爱犬做足够多的运动。对大多数狗来说，每天出去溜达两次是根本不够的，要带它出去跑步。另外，毛孩子也需要动动脑，过健康的生活。试着每天和它玩飞盘、拔河，或是我丢你捡这类游戏来刺激它的感官。

3 只要有人路过，你的爱犬就对着他狂吠吗？它这么做可能只是为了保有自我的空间。你应该让它看清楚经过的是什么，等它安静下来的时候，夸夸它，奖励它。

4 有的宠物单独留在家里会很焦虑。出门的时候试着把电视或收音机打开，小声地播放，这样能为狗狗驱散一些静得吓人的感觉。此外，记得帮狗狗准备好玩具。头一天晚上休息时可以把玩具放在身边，这样玩具闻起来就会有你的气息。

迦南犬

111

问题行为

狗狗总是喜欢到处跟着我们，而且似乎和我们有共同的感觉。因为狗狗和我们实在太亲近了，有时候很容易让人觉得它们就是我们自己的孩子，只是长了四条腿而已。可是狗狗毕竟不是人，它们拥有与生俱来的强烈动物需求和本能，这些都是从它们的狼祖先那里传承下来的。

有时候这样的本能会流露出来，这时我们心爱的朋友就会做出一些令人费解的事，而这些事通常我们都会嫌脏、觉得厌烦，甚至认为它在搞破坏，然后我们就动怒了。当爱犬追着尾巴团团转的时候，你可能会说："真受不了。它怎么就停不下来呢？"

但如果我们能耐住性子，静下心来好好想想，就会发现在这个世界上再没有别的动物比狗狗更努力地想取悦我们了。你的爱犬不管做什么，都是没有恶意的。它怪异的行为背后总是有其他原因的，而且可以确定的是，它希望你能懂。

柯基犬

挠耳朵

 狗狗的耳朵痒是不正常的。所有的狗偶尔都会挠挠耳朵或摇摇头，但如果一直抓耳朵，就说明有问题了。

闻闻爱犬耳朵的味道。除非最近它在脏臭的地方打过滚，否则它的耳朵闻起来应该是正常的狗体味。接着看看耳朵里面：皮肤有没有结痂或变厚？颜色呢？是健康的粉红色，还是艳红得不像话？你还可以拿个棉花球，刮刮爱犬的耳朵内部。如果拿出来的棉花球很干净，那就没事。但如果棉花球上沾有褐色的黏糊糊的东西、有臭味或是狗狗皮肤泛红，那就表示它的耳朵感染了。

不过即使外观、味道都很正常，狗也不见得完全没事。它可能有强迫性的行为，就像有的人会咬指甲一样。也可能有过敏反应（这很常见），或是有东西卡在耳朵里了。唯一的解决办法就是带它去看兽医，千万别拖延。挠痒有时候不只是挠痒，你的爱犬可能正痛苦着呢。

提米是一只经过认证的医疗犬，原本在重灾区工作，后来耳朵失聪了。它是最早一批佩戴助听器的狗。

混种比特犬

加里博士的叮咛

狗狗的尾巴经常会受伤，尤其是强壮、尾巴很长的狗。这些狗的尾巴在受到拉扯、被咬伤、被门夹到、被踩到，甚至甩动时碰到墙上都可能会造成骨折。作为兽医，我们经常为它们清理、包扎伤口，以帮助它们愈合。只要到五金店买一条 10 厘米左右的绝缘发泡管，就可以为狗狗做一个绝佳的尾部护套。把发泡管撑开，裹住伤口，用医用胶带固定即可。不过这个只能包一天左右，否则狗狗的伤口可能会感染，引发更严重的问题。

世界上尾巴最长的
狗狗是一只名叫
基翁的爱尔兰猎狼犬。
它的尾巴长达 76.8 厘米！

追着尾巴转

狗狗一圈又一圈转得好快呀，它什么时候才会停下来呢？没有人知道，最怕的是可能停不下来。其实狗狗不停地追着自己的尾巴跑并不是在玩游戏。边境牧羊犬、喜乐蒂牧羊犬以及其他专为追逐、放牧牲畜而培育出来的品种总是精力充沛。如果它们没事做，就会开始追逐移动的东西，包括自行车、汽车，还有它们自己的尾巴。

追逐自己的尾巴很容易变成一种强迫症，狗狗其实也不愿意。但它是天性使然，身不由己，不得不追逐。它甚至可能真的追到尾巴，把自己咬到流血。即使动手术截断尾巴，它也可能会继续追逐残留的根部。

那该怎么办呢？我们应该定时给爱犬足够的运动和玩具。可以用绳子吊住球，甩动绳子，让球飞起来。它追着球跑的时候或许能忘掉自己的尾巴。

我一定会
逮到你的！

混种秋田犬

格力犬和罗威纳犬的混种

跳到人身上

互相拥抱是人类打招呼的一种方式，狗狗则是闻对方。但有些急于示好的狗在跟你打招呼的时候会直接跳起来，还会想要舔你的脸。

如果主人把狗舔当作亲吻，而且在狗舔你的时候热情响应，这个行为就会变成一种习惯。有客人来访时，狗可能也会冷不防地跳到他们身上，甚至从背后把人推倒。

要矫正狗狗的这个习惯，训犬师有几个办法。你可以把手伸到狗狗面前挡住它，阻止它跳起来。不过最好的办法还是转身走开，完全不理它，直到它坐下来。不管用哪个办法，都要趁它长大到能搭上你肩膀之前赶快开始。

一项调查显示，养狗的人最讨厌狗狗跳到人身上。

苏格兰梗

啃咬木制家具

木制窗台、椅子的横杠、纸张、鞋子，这些东西在我们看来一点儿都不美味，但是狗狗的牙齿和狼的一样，原本就是要用来捕杀猎物、把它们生吞活剥、连骨头都咬碎吞下肚的。正因为如此，狗狗才会有啃咬东西的冲动。

但这些毛茸茸的小可爱，已经被人类培育成"世间男女的挚友"。所以当你们全家人都去上班或者上学了，它孤零零地待在家里一整天的时候，它还能干什么呢？

狗狗杀手级的利齿与寂寞无聊碰在一起，将会在你家里引发一场大灾难。渴望玩伴的狗很可能抓到什么就啃什么；它们也可能叫个不停，甚至跑到浴室去搞点儿破坏。幸好这个问题是可以解决的！可以给爱犬很多耐啃耐咬的玩具；有人会给它真的骨头，这当然也是很多狗狗的最爱。但骨头可能会产生碎片，刺破它们的肠胃。如果没有人照看，即使是给它很受欢迎的牛皮骨，也可能发生危险。所以最好的办法是避免给狗狗真的骨头，同时不要让它独处太长时间。此外还有很多办法，如送去日托中心、请专业的遛狗人帮你遛狗，甚至多养一只小猫或小狗和它作伴。

加里博士的叮咛

我从狗的肠胃里拿出过各种各样的东西，其中最奇怪的是一组木头玩具兵，最常见的异物是袜子和内衣。如果你养了狗的话，这是你必须随手整理家务的好理由。

"我的作业被狗**吃了**。"

这是美国小学生最爱用的借口。

巴吉度猎犬与比格犬的混种

比特犬和拉布拉多犬的混种

在屋里撒尿

真的好气人哦！你把狗狗单独留在家里才一个小时，回家后就发现地毯湿了一块。这时候你要记住，先深呼吸，别发脾气，不要打骂或处罚它，反正都已经太迟了。而且，它并不知道你的打骂是因为它在屋子里撒尿。接下来，把地毯打扫干净。拿宠物除臭剂或清洁剂兑水稀释，把尿骚味洗干净。因为狗狗有返回犯罪现场的倾向，如果不把味道彻底清除掉，下次它还会在同一个地方撒尿。

要知道，训练狗狗养成在屋里保持良好大小便的习惯要花很长时间，而且很需要耐性。所以，多数专家建议，要让狗定时上洗手间，使用狗屋，并且在狗没事做时要仔细监看。但如果你的爱犬已经有一些年纪，却忽然开始随地便溺，这可能就是生病的征兆了。其中一种可能是尿道发炎，这种情况多发生在母狗身上。另一个可能是它得了糖尿病。所以，别对爱犬动怒，应该马上带它去看医生才对。

加里博士的叮咛

狗（不只是幼犬）还在收容所时，我们就开始训练它待在狗笼里。给它们安全的避风港或小窝能帮助身心受创或曾经被虐待的狗狗重建信心。你也可以借助狗笼来训练、安抚你的爱犬。不过，千万记得至少每四小时就要放它出来一次。

美国前总统艾森豪威尔养了一只活泼好动的威玛猎犬。有一次它在白宫里大小便，毁了一张价值两万美元的地毯。

人家就是一秒都忍不住了嘛。

斗牛犬

123

斯塔福德郡梗（比特犬）

吃草

狗又不是牛，为什么会吃草呢？没有人知道真正的答案，科学家认为这可能是与生俱来的本能。野狗有时会被寄生虫感染，吃了草或植物以后，狗会呕吐，可以借此把寄生虫吐出来。

但狗嚼了草之后不见得都会呕吐。2008年，美国加州大学戴维斯分校的兽医就爱犬在后院吃草的问题访问了1600位狗主人。研究发现，吃了草以后会呕吐的狗还不到四分之一。大多数时候，狗吃草就和人吃色拉一样。狗吃草以后呕吐，其实是因为吃得太急，没有好好地把草嚼碎。

所以答案是，狗吃草很正常，对狗是没有害处的，除非——这个"除非"很重要——草地上喷了肥料、除草剂或其他化学药剂，这些东西会让爱犬生病，甚至造成更严重的后果。把爱犬放进院子以前，务必确定院子是安全的，而最需要注意的大概就是你自己家的院子。而且这样做也会让你成为别人的好邻居。

一些在我们眼中很美丽的花，如杜鹃、郁金香、风信子、一品红和百合，对狗狗来说都是有毒的。

磨屁股

想象一下：你和朋友正在看电视，这时你的爱犬走过来一屁股坐下，开始在客厅的地毯上一路磨过去。恶心死了！你可能会忍不住大笑，或者把脸埋到旁边的抱枕里。

其实，你的爱犬不是故意让你难堪的，它可能是屁股痒，甚至可能是肛门腺肿了。肛门腺会散发出一股特殊的"香气"，这样街坊邻居的狗都会知道你的爱犬回来了，或者它今天很淘气。狗还在野外生活的时候，这种腺体散发的气味就是同伴间联络的信号。

现在的狗都是家犬了。它们不再在旷野中游走，肛门腺也就派不上用场了。但它们还是保有这些腺体，那里有时会有液体，让它们觉得痒。如果你的爱犬在大庭广众之下抓屁股搔痒，你也不必羞得无地自容，带它去看医生就是了。

全世界大约有 5 亿只宠物狗，比人类的婴儿还多。

巴哥犬

抱歉啦，不过有些事情实在不是我们爱做的。

加里博士的叮咛

肛门腺堵塞并不是狗用屁股摩擦地面唯一的原因，过敏或跳蚤也可能是祸首。你要知道的是，磨屁股是狗狗的身体出问题的征兆，但只要妥善治疗就可以痊愈。另外，以燕麦为基底的优质洗发水可以有效止痒哦！

法国獒犬

这只狗在说什么？

情境

珍是一只十岁大的迷你雪纳瑞犬，它的性格非常好，活泼而又亲人。可是有一个问题：它对人太亲近，有点儿太黏人了。就连在加里博士工作的圣地亚哥动物保护协会的收容中心里，珍也不愿意落单。只要没人理它，它就在门边又叫又跳，满笼子转来转去，而且吠个不停，等别人来陪它玩。如果你了解雪纳瑞犬，就知道它们有多会叫了！

专家你来当

珍为什么一落单就抓狂？像珍这样的狗要怎么样才能学会独处？

就像远离家乡时，你会想念亲人、朋友一样，你的狗也会想念你。你不在的时候，你的毛朋友可能会不停地哭叫，破坏屋子或狗笼，甚至把自己弄伤。兽医把这种破坏性的举动称作"与分离相关的行为"。珍想要得到人类的陪伴，它会持续做出这种令人生气的行为，直到有人——不管是谁，过来陪它玩为止。

迷你雪纳瑞

给爱犬支持

这类行为有时会被医生诊断为"分离焦虑",但这个词其实是指一种行为方面的疾病,最终会引发狗的担忧、焦虑,并出现某些特定的行为。

狗狗也许比较希望白天也能待在主人身边,就像珍一样。这样的狗需要定时带出去好好运动,主人也要给它许多刺激和关注。但分离焦虑是很严重的问题,患有这种疾病的狗狗必须一直待在人的身边,即使只是出去散个步或是到宠物公园去玩,也无时无刻都不能落单。

无论是把它看成偏好问题还是疾病,与分离有关的行为都很棘手。每个主人都希望自己的爱犬过得充实愉快。要确保爱犬生活快乐,最好的办法就是让它有事做,进行一些有挑战性的活动,如果可行的话,让它和别的狗一起玩,充实社交生活。有时候狗会需要兽医的协助,通过适当服药减少不适。但最最重要的是,毛孩子需要我们用心照顾它们,让它们拥有尽可能快乐的生活。

哎,这声音太大了!

降低狗狗对雷声、鞭炮声的反应

1 很多狗狗在听到巨大的声响时会感到害怕。有时候恐惧是因为有过不愉快的经验,但更多时候它们就只是害怕而已。

2 为爱犬创造一个安全的区域。在笼子底下铺垫子,外面用柔软的毯子覆盖起来。打雷的时候,打开狗笼旁的风扇或收音机,盖掉一部分雷声。给它一些食物和玩具,让它对自己的"小窝"产生正面的联想。

3 想办法让狗分心也能让它好过些。当爱犬焦虑时,拿它心爱的玩具逗它,哄它玩。在它把玩具捡回来或听从指令时,给它一点儿奖励。

4 带它去参加服从课程。训练可能有助于提升它的信心。

狗的心情

过去有很长一段时间，科学家一直都认为，地球上只有人类才会思考、才有感觉。他们认为狗的一切行为都是出自本能。

但这种看法现在已经改变了。有一位研究人员因为对自己爱犬的行为十分好奇，在匈牙利的布达佩斯成立了"家犬研究室"，近几年也做过不少有关犬类心智方面的研究。虽然人类和狗共同的 DNA（脱氧核糖核酸，即体细胞内微小的遗传物质）不多，但科学家发现，人狗之间有一个共通点，它和 DNA 一样重要，那就是我们和狗狗的脑部化学反应很相似。这也就是狗为什么能如此善解人意，甚至比读心术还厉害——它们能感受到人类的情绪。

有些专家依然坚信，狗狗对人类付出关怀，真正的目的是要我们活下去，好照顾它们。但世界上有这么多忠狗的故事，那么令人动容、充满感情。难道这不会是爱吗？

接下来，我们就来看看人类最忠实的朋友如何表达它们的感情吧！

史宾格犬

在英国的德文郡，
一只名叫杰斯的史宾格犬
会用奶瓶给失去父母的小羊喂奶。
小羊为了表达谢意，
会去磨蹭
杰斯的肚皮！

好开心，
好自在，
我的世界
真圆满！

巴吉度猎犬

平静放松

到底是真的狗还是填充玩具？狗狗在完全放松的时候，看起来就和填充玩具差不多。它的整个身体会变得非常松弛，静止不动。站立的时候，四个脚掌会扁扁地贴在地面上。尾巴在平常的位置，略微下垂，形成一道平缓的弧线，既不僵硬，也不会夹在两腿之间。耳朵竖起，但不会往前倾。牙齿也不会露出来，舌头松松地垂在嘴巴外，或者闭着嘴。这时候的狗狗心里没有丝毫的恐惧，它在当时所处的环境中，就像你躺在自己的床上一样轻松自如。

想象一下，如果你是个学生，即将参加一场重要的考试；或者你在医院里，准备动一个大手术；或者你是暴力犯罪的受害人，正要上法庭作证，指认攻击你的人。这些都是令人畏惧的情况，每个人在这些情况下都会紧张。你猜这时候有什么办法可以让人冷静下来呢？答案是医疗犬。

通过认证的医疗犬拥有最平静的灵魂，它们乐于亲近烦忧、悲伤的人，会舔他们的脸，让这些人抚摸它们柔软的毛。只要有一只善解人意的狗陪伴，人类承受逆境的能力就会大幅提升。

自信满满

有的狗狗很害羞，有的则一点儿都不怕生；有的爱追着球跑，有的爱躺在你脚边。每只狗都是不同的个休，就和我们人类一样，它们都有自己的个性，至于个性如何，取决于它们遗传自父母的特质、成长和训练的过程，以及从前的生活经历。

罗威纳犬、德国牧羊犬和杜宾犬的体型高大壮硕，因为人类最初培育这些品种是为了让它们充当守卫，所以它们生来就比较霸气——但不是凶残。其实"霸气"说穿了也就是"自信"，信心满满的狗狗浑身上下都散发那样的气质——从有力的四肢、挺拔的身形，到高高竖起的尾巴都是。

它总是抬头挺胸，耳朵前倾。霸气的狗走起路来昂首阔步，它们是天生的领袖，但并不是光靠身材高大就能成为狗界的"人上人"。

让我们来看一看斯库特，一只迷你雪纳瑞犬。它和主人蒂娜生活在美国纽约州马塞卢斯的一条乡间道路旁，那一带有六只大型犬，包括纽芬兰犬和金毛寻回犬。每次蒂娜带它出去散步时，这些大狗就会从自家院子一跃而出，加入他们的行列，其中有一只狗狗重达84千克，而斯库特只有9千克。不过，你猜这些狗狗当中，谁走在前面？猜对了！自信满满的斯库特可是这群狗的领袖呢！

雪纳瑞犬有三种，模样全都一样，只是体型不同——有迷你型、标准型和大型雪纳瑞。

加里博士的叮咛

我们这些从事动物福利工作的人，很在意大家如何定义"霸气"这个词。这是一种性格特质，而不是行为，千万别把它和霸凌行为混为一谈。狗会跟着领导者走，这是它的本能，领导者就是群体中最有自信的那个。爱犬有好的行为，给它奖励，这样它就知道你是老大，但之后你们应该是合作伙伴的关系。

混种牧羊犬

这附近只有我们这一伙在巡逻。

伯恩山犬

135

亲切友善

狗狗可能是世界上最友善的动物了。不管是大象、猎豹还是老虎，只要有机会，它们都会主动亲近。但你不能单凭某个信号就判定某只狗狗是否友善。光看它是否在摇尾巴是不够的，单凭竖着的耳朵或放松的嘴部线条也不够准确，你得看它整体的表现。

友善的狗应该整个身体都很放松，微微左右晃动。嘴巴呢？线条应该很柔和，有点儿张开，可以看到它的舌头。尾巴会摆动，但很少是慢慢的摆动，通常都是快速的摆动，甚至还会转圈圈，就像玩具风车那样。狗友善的时候多半是安安静静的，但如果它发出声音，你可以仔细听听看，这种时候它们不会咆哮或怒吼，而是会用短促、高亢的声音吠叫，发出呜咽声或急叫。

匈牙利布达佩斯的科学家指出，爱黏人、太过依赖人类的狗狗都是人类导致的。正因如此，人和狗的关系就好像亲子关系一样。科学家发现，狗狗焦虑时，如果怎么做都无法让它们平静下来，那唯一的办法就是有个人坐到它的身边去。

连续好几年，一只名叫本的黄色拉布拉多犬每天都和它最好的朋友——一头野生的宽吻海豚，一起在大海中游泳。

加里博士的叮咛

拥吻爱犬，对你来说可能是友善的表现，但它不见得有同感。事实上对狗狗来说，这种行为可能太冒失、太粗鲁了。人类像大军压境似的把它们拥入怀里时，大多数狗狗都会觉得不舒服。何况，让狗狗舔你的嘴巴，你可能会沾上狗舔过的那些"好东西"，什么意思？我们就点到为止吧！

我好喜欢你呀。你想和我做朋友吗？

德国牧羊犬

紧张焦虑

奇怪的声音、陌生人、陌生的地方、别的动物、去兽医院看病——这些都会给狗带来很大的压力。这时候你能发现一些蛛丝马迹。狗在焦虑时耳朵会往后压，身子略为伏低，尾巴下垂。狗尾巴就好像情绪温度计一样，垂得越低，代表它越焦虑。这时，它可能会紧闭着嘴巴哀鸣，但也可能张着嘴急速地喘气，脚掌流汗，在地板上留下斑斑汗渍。

这个时候你的爱犬一定很难受，不过你是可以帮上忙的。首先，找出让它感觉不自在的因素，并排除掉。如果办不到，那就把它带走，远离那些因素，例如带它出去快步走一走，转移注意力。

不过要帮助焦虑的狗，最好的办法就是带它去好好地跑跑步，而不是悠闲地走走路而已。最近有一项科学研究表明，剧烈的运动能让狗分泌内啡肽。内啡肽是一种能产生愉悦情绪的化学物质，能让狗平静下来，放松心情。如果你不能快速跑动，没法跟上狗的脚步，那就和狗狗玩半个小时的我丢你捡或是扔飞盘的游戏。如果你住的地方靠近水边，那就把玩具扔到水里去，让它捡回来。重要的是，一定要进行剧烈的运动，这样才能让它快速地大量分泌内啡肽。你猜怎么着？这个过程是有感染力的：这些运动也会让你的心情跟着好起来哦！

被人抚摸时， 狗分泌的压力荷尔蒙的量 **远低于** 没有人 **抚摸** 的时候。

加里博士的叮咛

狗狗真的很痛苦或是焦虑持续无法解决时，我们会开一些人类服用的药给它吃。这些药一般都很有效，但如果再加上运动和游戏，效果会更明显。

我不懂
这是怎么回事。

腊肠犬幼犬

警 戒

晚上可以好好地睡一觉，因为你的狗狗会"醒着"。即使是打盹，狗的感官也还是处于高度警戒的状态。这是好事，因为万一有紧急情况，它就会大叫示警。只不过，从脚步声到轰隆隆的汽车引擎声都能引起狗的兴趣。

狗狗警戒时不一定会叫，但一定会坐起来或站起来，非常专注。这时它会把头抬得高高的，耳朵竖起来，说不定还会抽动。你可以看到它的肌肉绷得紧紧的，嘴巴闭着，眼睛睁得很大。它的鼻子会左右上下扭动，闻空气中的味

道。如果它摇尾巴，尾巴也不会是硬挺的或毛发直竖，而是往后伸直，或者把尾巴卷起来在背上弯着。

很多狗在听到主人上下楼梯时都会进入警戒状态，而有的狗似乎真的有第六感。主人到家之前，它就知道主人要回来了。英国有一位科学家就以一只名叫杰堤的狗为对象，进行了120多次的录像实验，结果发现杰堤的主人有时还远在离家8千米以外的地方——她刚要动身回家的那一刻，杰堤就高高兴兴地跑到窗前全神贯注地等候了。

意大利的救生犬会从船上或直升机上**跳入水中**，以**狗刨式**泳姿游向在水里遇到麻烦的人。**这些游泳的人**会抓住狗的胸背带，让狗狗把他拖上岸。

法老王猎犬

巧克力色拉布拉多犬

害怕

狗狗害怕的时候,我们不见得都能知道原因。有些情形很明显,例如有比它强势的狗来到它的地盘。有些原因就比较隐晦了,特别是收容所里的狗狗,感到害怕可能和它曾经受虐有关。

狗狗靠联想来学习。如果你吃了意大利面之后就生病了,你可能会把意大利面的味道或形状与生病联系在一起,之后很长一段时间都不敢再吃意大利面。狗狗也一样,如果它以前的主人老是在它系着牵绳走路时用力扯它或踢它,它就会把牵绳和疼痛联系在一起。之后,只要它看见你拿起牵绳,会吓得弓起身子或者想躲起来。

恐惧很容易就能看出来,只要你知道狗狗会出现哪些表现。狗狗在害怕的时候,耳朵会往后平贴,以免在打架时受伤。它会把尾巴垂下,露出眼白,嘴巴张开,喘气或发出呜咽声。现在,一般人家里都有暖气,所以家犬很少会感冒,因此狗狗发抖或打颤的时候,我们就得注意了。如果是陌生的狗,而它又对你有戒心,那就不要过去,硬要和它打交道的话,它可能会咬你。如果是你养的狗,那就带着它一起克服恐惧。如果它怕的是楼梯,那就坐在阶梯上,陪它一级一级地下来;如果它怕的是扫把,那就蹲下来,让它闻扫把的味道。它需要的或许只是最喜欢的人给它精神支持。

心理学家与犬类专家斯坦利·科伦说,狗狗心中最大的恐惧就是:你出门把它留在家里,却再也不回来了。

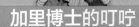

加里博士的叮咛

狗狗往往会被身材高大、声音低沉的人所震慑。当狗狗在检查台上受到惊吓的时候,我会轻柔地抚摸它,温柔地对它说话。同时,也会设法蹲低一点儿,或是和它一起坐在地板上。

快来!
别赖在沙发上,
我们一起玩吧!

金毛寻回犬

玩闹

狗狗就像小孩一样喜欢玩闹，只不过它们看起来很像在打架；如果其中任何一方假装咆哮，那就连声音都很像了。这样的话，我们要怎么分辨其中的差别呢？这就要仔细观察狗狗的表现了。玩闹的狗狗嘴巴会张开，晃着舌头，尾巴大幅度地摆动，还有典型的"鞠躬"动作——前肘撑地、屁股翘得高高的。

假设有一只狗想玩，首先它会朝另一只狗快速鞠个躬、吠叫一声，然后快速跑掉。这时，另一只狗可能会追过去，也可能不会，这全看它自己的意思。如果它跟上去了，就代表它会遵守游戏规则，规则中最重要的一条就是不会有狗狗受伤。

如果后面这只狗不小心太用力撞到第一只狗，它也会快速地鞠一个躬，意思是向对方道歉，如果它还想继续玩的话，决定权就在第一只狗狗手上了。

想不想自己试试看？拿一个网球，叫你的爱犬过来。用两手和膝盖着地，手肘和前臂平放在地上，屁股翘起来，露出微笑；反正你的样子会很滑稽。狗狗可能会用同样的动作回礼，然后你们就可以开始玩扔球游戏了。在游戏中你们可以戏要对方，但是别忘了，你和狗狗已经约法三章了，不能作弊的哦！

如果你经常抽空陪爱犬玩的话，你们之间的关系会更亲密哦！

受到威胁

在什么情况下，狗狗会龇牙咧嘴？通常是有别的狗或陌生人出现在家门口的时候。狗会保护自己的地盘，而那些小时候很少跟人类相处的狗狗则更容易起疑心。在3—12周这段时间，狗狗特别需要常常有人陪伴、照顾、抚摸，而且只有一个人是不够的，狗需要多方面"体验"这个世界，才能成为优秀的犬界公民。陌生的声音、景象、气味、噪声，都是狗全方位养成教育的一环。家中每个成员都应该抱抱狗狗，这样它才能习惯被不同的人碰触。

没有人抚摸、拥抱的狗，长大后会不那么友善，也比较容易感到害怕。

狗狗在感受到威胁的时候会怕你，但还不至于怕到不会自我防卫。因此它发出的信号比较混杂。它会放低身子，尾巴夹在两腿间，耳朵往后平贴。这些都是恐惧的表现。

而这些同时也是攻击的信号，它的尾巴夹在两腿之间的时候，颈部的毛也会竖起来。如果是短毛狗，你会看到一列毛发顺着它的背脊直立起来；它还会皱鼻子，龇牙咧嘴。为了让你知道它是玩真的，它会直盯着你的眼睛，大声急吠。

这时你最好相信狗狗传递给你的信息。被受到惊吓的狗咬伤的人要比被外表孔武的狗咬伤的人多。

狗会受到主人情绪的感染，因此让爱犬冷静下来的办法之一，就是你自己先冷静下来。

西高地白梗

攻击

人类培育可爱的梗犬来抓老鼠，所以梗犬会咬取东西。而培育体型高大的纽芬兰犬是用来帮助人类拉车、拖曳沉重的渔网的，它们几乎从不吼叫，也不会乱咬。此外，我们也会选育出一些善于搏斗或比较温和的品种。这一切都是狗与生俱来的特性，是由狗的基因决定的。

基因是附着在 DNA 上的一段段生物信息，DNA 则深藏在一切生物的细胞内。育种者将狗交配混种，培育出他们想要的品种的同时，基因也会重新排列组合。时至今日，经过不断修改性状的结果，育种者已经培育出数百种狗。改变一个基因会得到什么结果？生出的可能是罗威纳犬而不是腊肠犬，与此同时，狗的行为也会跟着一起微调。

然而，我们不能把一切都归因于遗传，成长期间遭到虐待的狗会变得凶恶，而通过人道的（正面的）训练方式培养出来的狗狗，其行为举止会提升很多。

一只有攻击性的狗，其实就是一只自信满满的狗正准备证明它很有自信。当狗恶狠狠地盯着你、耳朵前倾、嘴唇掀起、露出牙齿的时候，你就要小心了！如果它的四肢挺直，尾巴也硬挺地翘得老高，还低声怒吼或咆哮，那它绝对不怀好意！这时候无论如何你都不能跑，因为它可能会追过来。正确的做法是，摆出顺从的样子，眼睛往下看，眨眨眼，可以的话再挤出一个哈欠。两只手臂静止、不要摆动，然后慢慢地往后退。

美国前总统西奥多·罗斯福的牛头梗皮特，曾经在白宫里追着法国大使跑，还咬破了他裤子的后裆。

走开，
不然我就赶你
走了！

德国牧羊犬

巧克力色拉布拉多犬

惭愧顺从

这是怎么回事？当你走进家门，发现地板上有一个被咬烂的遥控器。"米莉，你怎么可以这样？"你尖声大叫，气得直挥手，"坏蛋，你这个大坏蛋！"米莉垂着头，拖着尾巴，悄悄地溜走了。你心想："它知道自己干了什么好事，现在一定会觉得很愧疚。"

可问题是，它根本就不知道啊！它只知道地上一团乱，让你暴跳如雷。它的耳朵平贴着脑袋，紧闭着嘴巴，伏低身子，让自己看起来既无辜又无助。如果你真的发火了，它就会把尾巴夹在两腿间，仰躺在地上低声呜咽。这些动作都是顺服的表示，而不是认罪。你的爱犬希望它承认你是老大之后，你就会消气。那么，它为什么会咬遥控器呢？因为遥控器按钮周围的缝隙里残留着你手上的死皮细胞，散发出你的气味。对你家里这只孤单的狗狗来说，这些东西有着无法抗拒的吸引力。你只要去买个新的遥控器，再给它买一些可以嚼很久的新玩具，这样就皆大欢喜了！或许你还得把新买的遥控器放在它够不着的地方。

一只名叫山姆的金毛寻回犬吞了主人的手机。在动手术把手机拿出来之后，这只淘气的狗狗又把主人的一条裤子吃了！

151

全球宠物搜寻（Global Pet Finder）是专为宠物设计的**全球定位系统。**只要把它安装在爱犬的项圈上，就能帮你**追踪**爱犬的行踪并以电子邮件或短信的形式通知你。

英国指示犬

好奇

狗在好奇的时候，看起来和警戒状态时差不多，只不过身体会比较松弛。虽然它可能是用脚尖站立，但肌肉通常比较放松。此外，它的耳朵是竖起来的，甚至有点儿前倾。同时，它也会举起尾巴，轻轻摆动。我们还应重点观察它的头部，狗好奇的时候会歪着头，歪过来再歪过去。

你一定听说过这句俗语："好奇心会害死猫。"把"猫"换成"狗"也是一样的。在美国加利福尼亚州的洛杉矶附近，有一只德国牧羊犬把头塞进水泥墙上的一个洞里，然后就拔不出来了。幸好有个邻居发现它被困，打电话给动物保护局。最后动物保护局的两名工作人员解救了这只好奇的狗狗。

所以，如果你的狗狗失踪，那它可能只是被困住了。发现狗狗失踪之后要立刻开始搜寻，而且要特别留意那些最意想不到的地方，例如邻居的车库、空屋以及房子底下爬得进去的空隙。搜寻的同时，要不断呼喊爱犬的名字，仔细聆听它是否呜咽着响应你。如果爱犬有狗朋友，带上它一起去寻找，因为它可能会注意到一些你关注不到的地方。

这真是太有趣了！

加里博士的叮咛

切记一定要给爱犬植入芯片，而且芯片和项圈上的铭牌都要登记并定期更新。万一爱犬走失了，先去当地的兽医院查询。很多狗狗都是靠芯片找回来的。

这只狗在说什么？

情境

来认识一下纳布斯吧！它原本在伊拉克的一处军事基地附近过着艰苦的生活，后来认识了美国海军陆战队的飞行员布赖恩·丹尼斯少校。丹尼斯和纳布斯一起玩耍，会搓揉它的肚子。有一天，丹尼斯发现纳布斯受了重伤。他帮纳布斯疗伤，喂它吃东西，还睡在它旁边——这只狗以前从来没有被人这样对待过。后来纳布斯的伤好了，但是丹尼斯所在的分部被分配到了另一个地方，而且不能携带宠物，所以他只好把新朋友留下，不过时间并不太久！

当部队转移后，纳布斯也跟着上路了。它穿越 121 千米的酷热沙漠，找到了它的那位陆战队朋友。从此以后，他们再也没有分开过。最后，纳布斯来到了美国，跟丹尼斯和他的家人一起生活。

专家你来当

什么事能让像纳布斯这样的狗感到高兴？所有的狗都是好狗吗？有的狗"很坏"，会不会只是因为它们过得不开心，生活很悲惨？让我们的狗幸福快乐究竟是谁的责任？

所有的狗狗都可能会感受到快乐。对它们而言，关爱以及满足它们的需求是最重要的。纳布斯是一只极度渴望关爱的狗，一旦得到了，就不会放弃。有些人不断帮狗狗买东西，给它们买四柱床、麂皮外套甚至镶钻石的项圈。狗狗真的需要这些东西吗？当然不！自重自爱的纳布斯需要的只是爱，以及人类的陪伴。你的狗狗也一样。

狗狗的生理需求很简单，而且花费不多。给你的宠物食物、干净的饮用水，以及一个温暖安全的地方睡觉。帮它梳梳毛，定期带它去兽医那里检查，身体弄脏了给它洗个澡。就这么简单而已。

巩固情谊

要满足狗在情绪上的需求就比较困难了，因为你得花时间。你要训练它、陪它玩，这样才能拉近你们的关系。有礼貌、会遵守基本指令的狗狗不管带到哪里去都很方便，让它和你形影不离不但能丰富它的生命，还能促进它的心智发育。一起分享全新的经验更是对建立你们之间良好的关系好处多多。

一起玩耍也有帮助。加里博士最喜欢的玩具之一就是宠物抛球器（Chuck It Ball）。这个玩具能让狗主人在丢球的时候就像职业棒球大联盟里的投手，把球抛得又快又远，因此，狗狗捡球也会很开心。

纳布斯和丹尼斯少校的情谊十分感人，但绝非特例。按照我们的建议来做，你的爱犬也能变得如此忠心。它会把你当成属于它的人，永远不会和你分开！

了解宠物的礼节

与狗相处时需要注意的礼貌事项

1 避免发出错误的信号。狗狗会把我们的一举一动看在眼里。因此，如果你每次带爱犬出门前都要拿一件外套，那就尽可能别在它面前拿外套，除非你真的要带它出门。

2 跟陌生的狗打招呼时，要蹲下来，双手放低。如果你站着弯腰来拍它，那就是老大的行径。难怪有的狗狗会觉得受到了冒犯！

3 眼睛看着狗的耳朵，别盯着它的眼睛看。对狗狗来说，被直视是很不礼貌的，是一种挑衅。

4 尝试控制你说话的语气。老是吼来吼去，或是语气不好，会让狗狗感到不愉快。它们虽然听不懂你在吼什么，但它们能分辨你说话的语气。

5 尽可能地保持冷静，因为你的情绪会传递给狗。所以，如果你很紧张，狗也会察觉，并且跟着紧张起来。

牧羊犬和罗威纳犬的混种

见面
打招呼
向刚认识的狗狗问好

1 想跟狗狗交朋友，一定要先得到狗主人的同意。主人同意之后，先站着不要动，仔细观察一番：狗是在喘气、舔嘴巴、打哈欠、颤抖呢，还是抬起一只脚掌？它垂下尾巴，或者耳朵往后贴了吗？记住，这些都是狗狗有压力的表现，如果狗狗出现了上述任何一种表现，你还是先走开，让狗狗放松下来。

2 狗狗和我们一样，心情随时都会变。所以即使狗狗表现得很平静，也不要从正前方接近或直视它的眼睛，因为这些动作会吓到狗狗。你应该侧着身子，这样看起来不那么具有威胁性。眼神避开，不要挥舞手臂，也不要突然做一些大动作。总之身体不动，语音柔和，耐心等待，让狗狗靠近你。

3 如果狗狗真的过来了，你得站定让它闻你的味道。

双手靠着身体，别去拉狗身上的任何部位，如尾巴或耳朵。如果狗狗一直待在你身边，你可以挠挠它的下巴，称赞它很乖，看看它会不会靠得更近。

4 此外，你还得注意观察，狗狗的身体是否很松弛且微微摆动，它的眼神、耳朵和嘴巴都很放松吗？如果是的话，可以试着抚摸它的背或身体两侧，动作一定要慢，而且要尽可能长距离地抚摸。但是不要摸它的头，你的身体也不要靠到它身上。接着再等一会儿，如果狗狗希望你继续摸它，那就恭喜你，你交到新朋友了！

牧羊犬和柯利牧羊犬的混种

比格犬

人狗之爱

一场古老的爱情故事

> 在以色列，人们发现早期人类将两具尸体，其中一个是女性、另一个是狗，合葬在同一座坟墓里。这是人类爱狗并且和狗共同生活的最古老的化石证据。

> 希腊科林斯市的居民还在熟睡中，50只狗守卫着这座城市。突然，敌军发动突袭，把狗狗全都杀了，只逃掉一只。这只幸存的狗名叫索特，它冲到城门口狂吠示警，全城的人因此得救。

约公元前 1 万年	公元前 2600—公元前 2100 年	公元 23—79 年

> 古埃及人在壁画上画狗，还把爱犬的名字刻在项圈上，这些名字包括勇士一号、羚羊、可靠、北风，还有（希望是开玩笑的）废物。

> 在非洲的埃塞俄比亚，托诺巴里和普托恩费族人选了一只狗当他们的国王。"狗王"头戴皇冠住在宫殿里，摇尾巴代表它很高兴，它一咆哮就代表有人要遭殃了！

> 清教徒带着两条狗，一只巨大的獒犬和一只活泼好动的英国史宾格犬，一起到了美洲大陆。你知道他们抵达美洲的那一刻看见了什么吗？是六个印第安人在遛一只狗。

> 位于瑞士境内的阿尔卑斯山高处的一所修道院养了一只名叫巴里的圣伯纳犬，这只英勇的狗在白雪覆盖的隘口独力拯救了超过40个迷路或困在雪地中的人。

1620 年	1800—1812 年	约 1865 年

> 德国作曲家理查德·瓦格纳谱写他的著名歌剧《女武神》时，他所养的查理士王小猎犬佩斯也帮了忙。瓦格纳把曲子哼唱并弹奏给佩斯听，佩斯喜欢的就留下来，不喜欢的就去掉。

> 全球第一只机器狗"爱宝"（AIBO）正式上市。它由计算机程序控制，可以自由行动。这款标价2000美元的机器宠物狗能认出主人的脸，听从100个指令。它的眼睛还会变红，告诉人们它生气了。

> 牧羊犬莱西原本是一本畅销书《莱西回家》的主角，后来美国人把这本书改编成一部长篇连续剧，它就成了片中的明星。说来也奇怪，莱西的英文Lassie原本是"小女孩"的意思，不过饰演这个角色的却全都是公狗。

> 德国牧羊犬任丁丁在第一次世界大战的战场上被救之后，成为世界上第一位狗狗明星。它一共拍摄了27部电影，赚了好几百万美元。它死的时候，美国所有报纸都刊登了讣闻。

| 1922 年 | 1939 年 | 1954 年 | 1999 年 |

>电影《绿野仙踪》中饰演托托的是一只母凯恩梗，名叫泰莉，它被主人抛弃了——主人把它送到专业训犬师那里学习定点大小便，却再也没去把它带回家。训犬师看出泰莉有表演的天分，于是送它去拍电影。

> 伊拉克的一条流浪狗和美国海军陆战队的一名少校成了好朋友，这位少校给狗取名为纳布斯。部队转移后，纳布斯穿越121千米的沙漠来找他。现在他和纳布斯一起生活在美国加州。

> 迪士尼皮克斯工作室制作的动画影片《飞屋环游记》中有一只会说人话的狗逗逗，为它配音的是爱狗人士鲍勃·彼得森。彼得森说为逗逗配音很好玩。你知道逗逗是哪个品种的狗吗？"它是黄色的拉布拉多犬，"彼得森说，"拉布拉多非常惹人喜欢，也非常友善。"

2001 年	2007 年	2009 年	2011 年

> 恐怖分子驾机撞毁了美国纽约市的世贸中心大楼。当时一只名叫罗塞尔的黄色拉布拉导盲犬带着它双目失明的主人，一起走下了78层烟雾弥漫的楼梯。大楼崩塌时，他们已经离大楼两条街道远了。

> 一位中国富商以150万美元的天价买下一头名叫"轰动"的红毛藏獒，创下犬类交易价格的历史纪录。

大狗小狗
一家亲

（还有无毛狗哦！）

从大丹犬到约克夏梗犬，现在的家犬有好几百种体型和模样。几百年来，人类不断通过交配混种，培育出自己想要或需要的狗狗品种。每一个品种的出现，几乎都是因为在某个地方、有些人需要狗来帮助他们完成工作。虽然人类培育某些品种纯粹是为了玩赏，但即使到现在，大多数的狗还是喜欢有事做。现在就来认识一些很受欢迎的迷人犬种吧！

博美犬

原产地：
冰岛和拉普兰地区

外型特征：
娇小玲珑，体重1.8~2.3千克，眼睛明亮，毛发蓬松。

原本的工作： 牧羊（当然是在博美犬被培育成这么小之前）。

奇闻逸事： 博美犬是名人的最爱。美国歌手布兰妮·斯皮尔斯、演员希拉里·达夫以及篮球明星科比·布莱恩特都有博美犬。有一只名叫布的博美犬，模样迷人，堪称世界上最受欢迎的狗狗。它在脸书网上有将近600万人次点赞。

拉布拉多犬

原产地：
加拿大纽芬兰

外型特征：
皮毛甩甩就干，趾间带蹼，尾巴就像水獭的尾巴一样粗大。

原本的工作： 从船上跳进拉布拉多海帮忙收渔网，它的名字就是这么来的。

奇闻逸事： 沉稳可靠的黑色拉布拉多犬、黄色拉布拉多犬以及巧克力色拉布拉多犬连续22年被评为全美最受欢迎的犬种。拥有超强学习能力的拉布拉多犬是最佳宠物，也是认真负责的服务犬，可以给盲人带路、辅助听障人士、协助搜寻和参与救援工作。

金毛寻回犬

比格犬

比格犬

原产地：
不详，最有可能是英格兰。

外型特征：
娇小结实，褐色的眼睛，眼神柔和，耳朵松软下垂，皮毛柔顺，尾部末端有一小截白毛。

原本的工作： 猎捕兔子。

奇闻逸事： 走到哪儿闻到哪儿，比格犬总是被鼻子牵着走，工作时喜欢成群结队。它们尾巴末端的白毛是猎人特意培育出来的特征，这样比格犬在前面跑的时候，猎人就能轻而易举地看见它。比格犬名列全美十大最受欢迎犬种已经有 100 年了。

大麦町犬

原产地：
专家各持己见，可能是埃及。

外型特征：
白色毛皮上有黑色或褐色斑点，非常好认。

原本的工作： 马车犬，因为它们会跟在马车和马拉式消防车旁边跑，为这些车辆开道。

奇闻逸事： 初生的大麦町犬幼犬是白色的，长大一点儿后，斑点才会长出来。成年犬全身布满斑点，腹部有圆点，连嘴里也有斑点。跟斑马身上的条纹一样，每只大麦町犬的斑点都是独一无二的。

查理士王小猎犬

原产地：
英格兰

外型特征：
重 6~8 千克，身上的毛丝滑柔亮，耳朵长且毛蓬松，褐色的大眼睛，眼神柔和。

原本的工作： 陪伴犬。

奇闻逸事： 以英国国王查理二世为名，是陪伴犬中的极品，它们最想要的就是陪在人类身边。查理二世发现它们非常能抚慰人心，因此特别通过了一道皇家敕令，允许它们进入英国包括议会大厦在内的所有公共场所。这条法律至今仍然有效。

金毛寻回犬

163

中国冠毛犬

原产地： 不详，但更有可能是墨西哥，而非中国。

外型特征： 除了头上和脚上长着几撮毛外，全身都是光溜溜的。

原本的工作： 在中国的帆船上抓老鼠。

奇闻逸事： "她丑得真可爱"这句话很适合用来形容中国冠毛犬，这种温和的家犬有两个变种——粉扑型和无毛型。无毛型的中国冠毛犬在最近十次"最丑的狗"比赛中六次夺冠！

德国牧羊犬

原产地： 德国

外型特征： 身长超过身高，尾巴上的毛很密，竖耳，外型很像狼。

原本的工作： 是德国一位陆军上尉培育出来的，用来在战场上协助士兵。

奇闻逸事： 德国牧羊犬受欢迎的程度在全美排第二。很多德国牧羊犬幼犬要等牙齿长好了，耳朵才会挺立起来。有些幼犬甚至会有一段时间一个耳朵竖起，一个耳朵下垂。

腊肠犬

原产地： 德国

外型特征： 腿粗短，身体很长，看起来像根腊肠。

原本的工作： 钻进地道去抓獾。

奇闻逸事： 虽然早在 16 世纪腊肠犬在德国就很受欢迎了，但直到 20 世纪 30 年代初期，它才深得美国人的喜爱。当时，许多美国人开始搬到城市，住进狭小的公寓。他们喜欢腊肠犬是因为它可以轻易地待在家具底下。

贵宾犬

原产地： 北欧各国

外型特征： 毛非常卷，主人通常会帮它修剪，身体某些部位的毛会剪光，其他部分则剪成像彩球一样。

原本的工作： 水猎犬，负责捡回猎人打下的雁鸭。

奇闻逸事： 聪明绝顶，是很受欢迎的家犬。贵宾犬喜欢学习，也爱表演。有一只名叫尚达丽亚的玩具贵宾犬曾是 1999—2003 年"掌握最多技能的狗"吉尼斯世界纪录的保持者，它能表演 1000 多项技能！

原产地：
英格兰北部

外型特征：
被毛为蓝色和棕褐色的小型宠物犬，毛发长而光滑柔亮，从中间分开，拖到地上。

约克夏梗犬

原本的工作： 在英格兰的棉花厂中赶老鼠。

奇闻逸事： 在全美最受欢迎的犬种中排名第六。约克夏梗犬的头上经常会扎个蝴蝶结，再加上长相甜美，女士常把它放在包包里带着四处走。但蝴蝶结其实是有作用的，可以避免这些宝贝的长毛掉进食物里或遮住眼睛。

原产地：
苏格兰

外型特征：
黄色长毛，眼神友善，脚上有蹼，尾部毛多而蓬松。

金毛寻回犬

原本的工作： 负责捡回雁鸭的水猎犬。

奇闻逸事： 金毛寻回犬忠心耿耿。有一只名叫巴克斯特的金毛寻回犬，主人用双头牵绳把它和它的兄弟系在一起，结果双双走失。两个星期后巴克斯特突然现身，主人满怀欣喜走到它跟前的时候，它却领着主人跑进森林里，一直跑到它兄弟面前，原来那只狗的链子被灌木勾住了。

原产地：
世界各地

外型特征：
各种大小、体形、毛色和图案，应有尽有。

混种犬

原本的工作： 谋生。

奇闻逸事： 根据2010年的普查报告，全美一半以上的宠物犬都是混种犬。所谓混种犬是指在没有人为干预的情况下自然交配产生的狗。混种犬是忠心耿耿的宠物犬。美国有一只名叫博比的混种犬走丢了，它从印第安纳州跋涉了4000多千米到了俄勒冈州，终于和主人一家团聚。

混种长须牧羊犬

创造你与爱犬的
亲密时刻

狗拓印

1. 在户外进行，以免拓印的过程弄脏你家的房子。

2. 在碗里倒入一些食用色素。

3. 用纸巾轻轻地把爱犬的鼻子或脚掌擦干。

4. 拿一张干净的纸巾，蘸一点儿食用色素，在爱犬的鼻子上仔细扑上颜色。拿块零食吸引它的注意力，以免它把色素舔掉。

5. 拿一沓纸贴着狗鼻子前端，让纸包覆鼻子两侧，这样才能把凹凸不平的地方全部拓印下来。你可能要多试几次才能成功哦！

6. 给狗狗的脚掌上色时，用海绵刷蘸取食用色素，把狗狗一只前脚的脚底板涂满颜色。把一沓纸放在地上，让狗的脚掌按压在纸上。另一只手拿零食在狗狗眼前晃。

7. 把纸放在台面上，等它完全风干。

8. 把狗的鼻子或脚掌擦干净，把那块零食给它吃。

9. 风干完成后，把杰作裱框挂起来。你也可以加上一张狗的照片或一束它的毛，这样，一件超酷的纪念品就完成啦！

所需材料

1. 纸巾（鼻子上色用）或海绵刷（脚掌上色用）
2. 食用色素，挑你喜欢的颜色
3. 碗
4. 一小沓纸
5. 愿意配合的狗狗
6. 狗狗的零食

　　有一个有趣的办法能让你制作出和爱犬有关的纪念品，那就是把它的大鼻子给拓印下来。仔细观察爱犬鼻子上没有长毛的鼻头部分，上面有些凹凸的纹路，对吧？这些纹路加上鼻孔的轮廓就是拓印的范围。狗狗的鼻拓就像人的指纹一样，都是独一无二的。你也可以把狗狗的脚掌拓印下来哦！

拇指印饼干

1. 把烤箱预热到 160 摄氏度。

2. 在烘焙纸上涂上薄薄的一层油。

3. 把半杯浓稠的花生酱和一杯牛肉罐头或鸡汤倒进碗里搅拌。

4. 把碗放入微波炉，高火加热约一分钟，让碗里的混合物变成液体状即可。

5. 在碗里加入两杯面粉、半杯燕麦片和两茶匙肉桂。

6. 用叉子搅拌，直到面团呈黏稠状。捏成约半颗乒乓球大小的面团球，铺在烘焙纸上，面团球之间相隔约5厘米。用大拇指在面团球中间压出一个凹洞。之后把面团球放入烤箱，在预热 160 摄氏度的烤箱里烤15 分钟，然后关火。烤好的饼干留在烤箱内，让它冷却。

7. 把饼干放进冷藏或冷冻室储藏。食用前再往饼干的凹洞里填入苹果酱或香蕉泥。按照这个配方的用量大概可以做出 30 个饼干。

没有什么比刚出炉的狗饼干更能表达你的心意的了！而花生酱更是最能打动它们的心。亲手为你的爱犬烤一盘美味的拇指饼干，你和狗狗都会感受到幸福的滋味。

所需材料
1. 搅拌用的碗
2. 烘焙纸和喷油罐
3. 花生酱
4. 牛肉罐头或鸡汤
5. 面粉
6. 燕麦片
7. 肉桂
8. 苹果酱或香蕉

英国斗牛犬

小测验：与狗相处的注意事项

狗狗经常在说话，就看我们有没有留心、注意了。做完这个测验后，你会发现"仔细聆听"可以保证自己的安全。

1. 小孩最常被什么样的狗狗咬伤？
- A. 大狗
- B. 流浪狗
- C. 家人或朋友养的宠物狗
- D. 比特犬

2. 狗狗有时候咬人是因为
- A. 要保护自己的地盘
- B. 感到害怕
- C. 受到惊吓
- D. 以上皆是

3. 陌生的狗狗朝你跑过来时，你应该
- A. 侧转身体、站住不动
- B. 尖叫逃跑
- C. 挥舞棍子吓走它
- D. 朝它扔石头

4. 狗狗变得凶狠是因为
- A. 有人嘲笑它
- B. 有人踢它
- C. 总是被绑着
- D. 以上皆是

与狗相处的自保之道（答案）

1. C. 只要是狗，包括温驯可爱的巴哥犬，都会咬人，所以限制特定犬种是没有用的。另外，小孩被流浪狗咬伤的情况其实很少，大多数时候小孩都是被邻居家的狗狗或自家的宠物咬伤的。

2. D. 人会设法保护自己的生命财产安全。有些人睡觉时被惊醒后，反应会很激烈。狗也是这样，只不过它们可能会连它们的人行道也一起捍卫罢了。

3. A. 棍子、石头会让狗狗生气，移动则会刺激它们追赶过来。大型犬冲刺的速度可达每小时64千米，连吉娃娃这样的小狗都能跑得比你快。所以站着就好，千万别动！

4. D. 不管什么动物，只要遭到欺凌或虐待都会发怒。对狗来说，被狗链拴着或被迫单独在屋外生活都会让它们变得暴躁，因为狗狗是很渴望和人待在一起的。

5. 遇到一只陌生的狗狗，而且它和它的主人在一起，你应该
    A. 拥抱它
    B. 拍拍它的头
    C. 等它自己走过来
    D. 抓起它的脚掌跟它"握手"

6. 狗狗做什么的时候，千万别去打扰它？
    A. 玩耍
    B. 被关在停好的车子里
    C. 正在嚎叫
    D. 正在地上闻气味

7. 狗狗攻击你的时候，最好的防卫方式是什么？
    A. 把背包塞进它的嘴巴里
    B. 蹲下，身体缩成球状
    C. 遮住耳朵和脸部
    D. 以上皆是

8. 以下哪个迹象最能代表狗狗很友善？
    A. 摇尾巴
    B. 耳朵往后贴
    C. 露出牙齿
    D. 全身看起来很松弛，微微摇摆

波尔多犬

5. C. 狗狗讨厌被别人抓住，更喜欢自己主动。你可以回想一下，上一次你被别人拍脑袋的情形。这个动作会不会让你觉得矮了一截？同样，狗狗也不喜欢被这样对待。

6. B. 被关在车里的时候，狗狗会有一种被困住的感觉，觉得跑不掉，系着牵绳的时候也是。此外，狗狗在吃东西或照顾幼犬的时候也要特别留意，因为它们可能处于警戒状态。

7. D. 邮递员会拿起邮包挡在身前，不过任何物品都有用。如果你两手空空，那就蹲下，身体蜷起来，双手交握放在脖子后面，保护你的脸，然后不要动。

8. D. 千万别只看局部就判断狗的情绪。耳朵、尾巴、嘴和身体的姿势都分别代表许多不同的意思，看狗一定要看全身。

相关资源

可提供帮助的专业渠道

美国育犬协会
American Kennel Club（AKC）
美国育犬协会负责督导全美数千个犬展，
所有的纯种狗也都在此登记。协会网站提
供有关犬种、竞赛、狗的照护和趣味活动
等相关资料。
www.akc.org/kids_juniors

美国防止虐待动物协会
**American Society for the Prevention
of Cruelty to Animals（ASPCA）**
这是美国第一个反虐待动物的组织。你可
以在宠物照护（Pet Care）标签下找到
许多精彩的视频和养狗秘诀等等。
www.aspca.org

好朋友动物协会
Best Friends Animal Society
"好朋友"旗下拥有美国最大的动物收容
所，其中"狗镇"（Dogtown）部门收
容无家可归的狗狗，为它们治病、结扎，
还提供民众领养。
www.bestfriends.org

国际犬类专业人士协会
**International Association of Canine
Professionals（IACP）**
要找专家吗？这里有很多。在 IACP 的
网站上，你可以找到各种与狗有关的专业
人士，从专业训犬师、宠物美容师、养狗
场，到兽医、宠物保姆、职业遛狗人，甚
至还有安装篱笆的工人，应有尽有。
http://canineprofessionals.com

宠物搜寻 Petfinder
这个网站连接着美国、加拿大和墨西哥

境内 13000 多个动物收容所，网站会为
流浪狗及其他宠物配对新主人。网站上
还有超酷的影片、留言板和照顾宠物的
小秘诀。
www.petfinder.com

美国圣地亚哥动物保护协会及防止虐待动物协会
San Diego Humane Society and SPCA
该组织成立于 1880 年，旗下有动物收容
所、康复机构和宠物收养机构。协会的动
物警察负责调查虐待动物案件，专业动物
训练师向宠物主人传授宝贵的技能。
www.sdhumane.org/

华盛顿动物救援联盟
**Washington Animal Rescue League
（WARL）**
该组织为无家可归及受虐的狗狗提供重生
的机会。这里的兽医、动物训练师、领养
协调人员和志愿者们共同努力，安抚不安
的动物，并帮助它们找到永久的家。该组
织也提供训练狗狗的课程。
www.warl.org

广 播

动物之家
The Animal House
该节目每周一次在 WAMU 88.5FM 播
出，由位于华盛顿特区的美国大学制作，
讨论动物科学、野生动物保护以及宠物
行为。加里博士也参与主持，回答听众
有关宠物的问题。你可以在网上收听每
一集节目。
www.wamuanimalhouse.org

电子媒体与平面媒体

书 籍

美国国家地理少儿奇趣小百科系列
《百变的狗狗》Everything Dogs
[美]贝基·贝恩斯 著
青岛出版社，2014 年

《一个男孩和他的狗狗：男孩照看
狗狗的终极指南》
*A Boy and His Dog: The Ultimate
Handbook for Every Boy Who
Cares for His Dog*
辛西娅·科普兰 著
赛德·米勒出版社，2009 年

《与野狼面对面》
[美]吉姆·布兰登伯格 著
海豚出版社，2010 年

美国国家地理少儿小百科分级阅读
系列《中级 B·狼》
[美]劳拉·玛茜 著
江苏凤凰美术出版社，2018 年

网 站

美国国家地理少儿网站
animals.nationalgeographic.com/animals/
mammals/domestic-dog
animals.nationalgeographic.com/animals/
mammals/wolf
kids.nationalgeographic.com/kids/photos/
dogs-with-jobs
kids.nationalgeographic.com/kids/photos/
gallery/dogs

动物星球频道
http://Animal.discovery.com/tv/dogs-101

儿童的狗护理指南
www.loveyourdog.com

Front Matter and cover: Zirconicusso/ Dreamstime; (Cover), Damedeeso/ Dreamstime; (spine) Debbi Smirnoff/iS-tockphoto; Title page, Shevs/Dreamstime; 3, dageldog/iStock-photo; 4, Fly_dragonfly/ Shutterstock; 5, Dana Gambill/Wagz Pet Photography; 6-7, AnetaPics/Shutterstock; 8 (LO), Joel Sartore/National Geographic Stock; 9 (UPRT), Ewan Chesser/Shutter-stock; 9 (LORT), SensorSpot/iStockphoto; 9 (UP), mlorenz/Shutterstock; 9 (UPLE), Peter Betts/Shutterstock; 9 (LE CTR), Nicholas Lee/Shutterstock; 9 (LOLE), Brenda Carson/Dreamstime; 11 (UPLE), Eric Isselee/Shutterstock; 11 (UPRT), Jane Burton/NPL/Minden Pictures; 11 (LE CTR), WilleeCole/Shutterstock; 11 (RT CTR), John Daniels/ARDEA; 11 (LOLE), John Daniels/Ardea/Animals Animals; 11 (LORT), Svetlana Mihailova/Shutterstock; BODY TALK 12-13, Volodymyr Burdiak/ Shutterstock; 14, Tim Graham/Getty Images; 15, PM Images/Getty Images; 16, Brian Finestone/Shutterstock; 17 (LORT), Dorottya Mathe/Shutterstock; 18, Karine Aigner/National Geographic Stock; 19, Tom Biegalski/Shutterstock; 20-21, Brian Kimball/Kimball Stock; 22, LovelyColorPhoto/Shutterstock; 24, Tracy Morgan/Getty Images; 25, Stef Bennett/ Dreamstime; 26, Jane Burton/Getty Im-ages; 27, Pictac/Dreamstime; 28, Graphic Designer/San Diego Humane Society and SPCA; 29, GlobalP/iStockphoto; 30, Mark Raycroft/Minden Pictures; 32, Splash News/Corbis; 33, Sheeva1/Shutterstock; 34, Whiteway/iStockphoto; 35, Kirk Peart Professional Imaging/Shutterstock; READ MY FACE 36-37, Fenne/iStockphoto; 38, Ryan Lane/Getty Images; 40, ersinkisacik/ iStockphoto; 41, Ricky John Molloy/Getty Images; 43, Johan & Santina De Meester/ Kimball Stock; 45, Julia Remezova/Shut-terstock; 46, Anke Van Wyk/Dreamstime; 47, Jovanka_Novakovic/iStockphoto; 48, N K/Shutterstock; 49, Ron Kimball/Kimball Stock; 50-51, Ken Hurst/Dreamstime; 51 (UP), Susan Schmitz/Shutterstock; 52, walik/iStockphoto; 53, Sergey Lavrentev/Shutterstock; 55 (LE), Erik Lam/Shutterstock; 55 (RT), WilleeCole/ Shutterstock; THE NOSE KNOWS 56-57,

Nancy Dressel/Dreamstime; 58-59, maljalen/iStockphoto; 61, Thinkstock/ Getty Images; 63, William Andrew/Getty Images; 64, Carlo Taccari/Shutterstock; 65, Edward Westmacott/Dreamstime; 66, moodboard/Corbis; 67, craftvision/ iStockphoto; 69, sankai/iStockphoto; 70, Monika Wisniewska/Shutterstock; 71, Eric Isselee/Shutterstock; TELLING TAILS 72-73, dohlongma - HL Mak/Getty Images; 74, Lauren Hamilton/Shutterstock; 75, Will Hughes/Shutterstock; 76, Stanimir G.Stoev/Shutterstock; 77, ritchiedigital/ iStockphoto; 78, dageldog/iStockphoto; 79, Erik Lam/Shutterstock; 80-81, arsenik/iS-tockphoto; 83, Erik Lam/Shutterstock; 85, eClick/Shutterstock; 86, Susan Schmitz/ shutterstock; 88, GlobalP/iStockphoto; 89, Golden Pixels LLC/Shutterstock; BARK 90-91, Miroslav Beneda/Dreamstime; 92, Moswyn/Dreamstime; 93, Yulia Reznikov/ Shutterstock; 94, Marina Jay/Shutterstock; 95, Eric Isselee/Shutterstock; 96, Oligo/ Shutterstock; 97, Mary Rice/Shutterstock; 98, Sergey Lavrentev/Shutterstock; 100, Viorel Sima/Shutterstock; 101, Annette Shaff/Shutter-stock; 102, Waddell Images/ Shutterstock; 103, Art_man/Shutterstock; 104-105, Eric Isselee/Shutterstock; 106, Susan Schmitz/Shutterstock; 108, Steve Mann/Dreamstime; 110, Annette Shaff/ Shutterstock; 111, Svetlana Valoueva/ Shutterstock; TROUBLE 112-113, Bryant Scannell/Getty Images; 115, Vendla Stockdale/Shutterstock; 116-117, Michael Pettigrew/Shutterstock; 118, Janine Wiedel Photolibrary/Alamy; 119, Ksenia Merenkova/Shutterstock; 120, joshblake/ iStockphoto; 121, Frank Krahmer/Getty Images; 122-123, Juniors Bildarchiv GmbH/Alamy; 124, Leiriu/iStockphoto; 125, Kisialiou Yury/Shutterstock; 126, Susan Schmitz/Shutterstock; 127, Vitaly Titov & Maria Sidelnikova/Shutterstock; 128, Devon Stephens/Getty Images; 129, Frank L Junior/Shutterstock; DOGGIE DEMEANORS 130-131, dageldog/iS-tockphoto; 132, Jane Burton/NPL/Minden Pictures; 134, Eric Isselee/Shutterstock; 135, s-eyerkaufer/istockphoto; 136, dageldog/iStockphoto; 137, dial-a-view/ iStockphoto; 139, Utekhina Anna/Shutter-

stock; 141, Lenkadan/Shutterstock; 142, Hannamariah/Shutterstock; 144, temele/ iStockphoto; 146, Sima_ha/iStockphoto; 147, Manon Ringuette/Dreamstime; 149, Art_man/Shutterstock; 150, ValaGrenier/ iStockphoto; 151, vetroff/Shutterstock; 152, Pat Doyle/Corbis; 154, Associated Press; 155, vvvita/Shutterstock; BACK MATTER 156, DebbiSmirnoff/iStockphoto; 157, Astellarius/iStockphoto; 158 (lo), Vladimir Zadvinskii/Shutterstock; 158 (UP), Whytock/Shutterstock; 159 (UPLE), BVA/ Shutterstock; 159 (UP CTR), Erik Lam/ Shutterstock; 159 (UPRT), Erik Lam/ Shutterstock; 159 (RT CTR), atref/Shutter-stock; 159 (LO), Lobke Peers/Shutterstock; 160 (UPLE), Advertising Archive/Courtesy Everett Collection; 160 (UPRT), Jeanne White/Getty Images; 160 (LOLE), Eric Isselee/Shutterstock; 160 (LORT), Lars Christensen/Shutterstock; 161 (UPLE), ilterriorm/Shutterstock; 161 (UPRT), USBFCO/Shutterstock; 161 (LOCTR), REN JF/EPA/Landov; 161 (LORT), Rashevskyi Viacheslav/Shutterstock; 162 (UPLE), tandemich/Shutterstock; 162 (UPRT), Susan Schmitz/Shutterstock; 162 (LOLE), dogist/Shutterstock; 162 (LORT), Eder/Shutterstock; 163 (UPLE), Eric Isselee/Shutterstock; 163 (UPRT), Viorel Sima/Shutterstock; 163 (LOle), GlobalP/ iStockphoto; 163, GlobalP/iStockphoto; 164 (UPLE), Eric Isselee/Shutterstock; 164 (UPRT), Eric Isselee/Shutterstock; 164 (LOLE), leungchopan/Shutterstock; 164 (LORT), Barna Tanko/Shutterstock; 165 (LORT), GlobalP/iStockphoto; 165 (UPLE), Utekhina Anna/Shutterstock; 165 (UPRT), Andres Rodriguez/Alamy; 165 (LOLE), Patricia Doyle/Getty Images; 166 (UP CTR), Feng Yu/Shutterstock; 166 (UPRT), Scott Bolster/Shutterstock; 166 (LORT), KJBevan/Shutterstock; 166 (LORT inset), Vicente Barcelo Varona/Shutterstock; 167 (UP), Thomas M Perkins/Shutterstock; 167 (LORT), GlobalP/iStockphoto; 167 (CTR), Maks Narodenko/Shutterstock; 169, Mark Raycroft/Minden Pictures; Back cover, Susan Schmitz/Shutterstock; Back cover, Jovanka_Novakic/iStockphoto

献给我的儿子和他们的妻子：马修和特莉，韦德和布丽，以及所有爱狗狗和救助狗狗的人。

——艾琳·亚历山大·纽曼

献给所有努力让这个世界变成对动物来说更美好的地方的人。

——加里·韦茨曼

图书在版编目（ＣＩＰ）数据

　　教你读懂狗语：完全听懂狗狗内心世界指南 /（美）艾琳·亚历山大·纽曼，
（美）加里·韦茨曼著；王琼淑译. —— 北京：中国画报出版社，2019.8
　　书名原文：How to Speak Dog
　　ISBN 978-7-5146-1742-9

　　Ⅰ.①教… Ⅱ.①艾… ②加… ③王… Ⅲ.①犬—驯养 Ⅳ.① S829.2

中国版本图书馆 CIP 数据核字 (2019) 第 090973 号

著作权合同登记号：图字 01-2019-1429

教你读懂狗语：完全听懂狗狗内心世界指南

[美] 艾琳·亚历山大·纽曼　[美] 加里·韦茨曼 著　王琼淑 译

出 版 人：于九涛
总 策 划：李永适 张婷婷
责任编辑：刘晓雪
特约编辑：王 蓝 卓 尔
责任印制：焦 洋

出版发行：中国画报出版社
地　　址：中国北京市海淀区车公庄西路 33 号 邮编：100048
发 行 部：010-68469781　010-68414683（传真）
总编室兼传真：010-88417359　版权部：010-88417359

开　　本：32 开（889mm x 1194mm）
印　　张：5.5
字　　数：160 千字
版　　次：2019 年 8 月第 1 版　2019 年 8 月第 1 次印刷
印　　刷：天津市豪迈印务有限公司
书　　号：ISBN 978-7-5146-1742-9
定　　价：49.80 元